Einleitung

Extensiv begrünte Dächer

Begrünung und Solarnutzung

Intensiv begrünte Gebäude

Anhang

Vorwort
Forschung auf den Dächern: In luftiger Höhe die Natur erkunden

«Über den Wolken muss die Freiheit wohl grenzenlos sein ...», frei nach Reinhard Mey ergaben sich für die Forschungsgruppe Stadtökologie der Zürcher Hochschule für Angewandte Wissenschaften (ZHAW) auf den Dächern, hoch über Städten und Dörfern, Freiräume für die Entwicklung und Forschung. In den letzten zwanzig Jahren durften wir als Team unzählige Momente und Beispiele erleben, wie dynamisch und unterschiedlich sich die Natur entwickelt. Wir fanden und finden immer wieder Spannendes zu Tier- und Pflanzenarten, die auf begrünten Dächern leben und gedeihen. Im Verbund mit vielen unterstützenden und konstruktiv mitdenkenden Menschen hat sich eine breite Palette von Dachbegrünungen ergeben, die wir konzipieren, umsetzen, gestalten und beforschen konnten und können. Der ökologische Erfolg zeigt sich jeweils, wenn diese Dächer über die Jahre beobachtet und dokumentiert werden. Vom kleinen Unterstand für Schafe über den Legehennen-Auslaufstall bis zu Spitaldächern und von Einkaufs- und Logistikzentren über Tramdepots bis zum Buswartehäuschen – kein Bautyp, dem wir nicht zumindest einen Begrünungs-Tupfer oder gar eine vielfältige Palette an Naturfördermassnahmen aufsetzen durften.

Zahlreiche Menschen, die wir kennenlernen und mit denen wir uns austauschen durften, haben diese Forschungen ermöglicht und begleitet. Ihnen allen gebührt unser herzlichster Dank. Dabei galt es nicht nur in der klassischen akademischen Forscherperspektive zu denken und begrünte Dächer funktional zu analysieren. Wichtig war, die verschiedenen «Sprachen» und Perspektiven auf dem Bau, die konkreten Fragen zu Architektur und Gestaltung, die Abdichtungs- und Einrichtungstechnik oder die Logistik verstehen zu lernen. Und nicht zuletzt mit einer Bauleitung, mit Auftraggebern und Nutzerinnen Projekte zu besprechen und zu planen. Dazu kommen die Anliegen der Behörden, von der Leitung eines Bau- und Verkehrsdepartements über die Amtsstellen bis zu den Sachbearbeiterinnen und Sachbearbeitern der Baugesuche. Schliesslich möchte das jeweilige Amt für Umwelt und Energie, dass die Dächer auch zur Energieproduktion genutzt werden.

Die Forschungsgruppe Stadtökologie bekam die Möglichkeit, auf Erkundungsreisen im Ausland Neues zu entdecken. Wir durften unsererseits als Wissenstransfer vielen Kolleginnen und Kollegen aus dem Ausland unsere Erkenntnisse im Bereich der Biodiversitätsforschung auf Dächern weitergeben, aber auch unsere Erfahrungen mit der Implementierung in Bauordnungen, Richtlinien und Normen.

Auf diese Weise schliesst sich der Kreis der städtischen und quantitativ funktionellen Perspektiven und Prämissen des Architekten Le Corbusier mit dem ethischen Ansatz von Friedensreich Hundertwasser. Beide wollten der Natur auf begrünten Dächern den Raum zurückgeben, der ihr bei einem Hausbau weggenommen wurde. Le Corbusier plädierte für die systematische Nutzung von Dachflächen und setzte dies in seinen Projekten konsequent um als eine seiner fünf Hauptforderungen an eine neue Architektur. Mit unseren Forschungsarbeiten zur Biodiversität und den entsprechenden Gestaltungen der Dächer ergänzen und beforschen wir diesen Ansatz, so wie es der Wiener Künstler und Architekt Friedensreich Hundertwasser forderte.

Unsere Beratungstätigkeit für das Bau- und Verkehrsdepartement des Kantons Basel-Stadt half, die Richtlinien weiterzuentwickeln, und führte zur verpflichtenden Implementierung von Dachbegrünungen als ökologische Ausgleichsmassnahme. Die erfreuliche Konsequenz: In der Stadt Basel sind heute mehr als die Hälfte aller Flachdächer begrünt.

Dieses Buch stellt einige unserer Arbeiten vor, es zeigt aber auch herausragende und fachlich ergänzende Projekte von Dritten vor.

Stephan Brenneisen

Begrünte Gebäude: Schon vor 3500 Jahren

Weltwunder der Antike: Die hängenden Gärten der Semiramis. Stich; Humphrey Prideaux, 1726.

Die Nutzung flacher Dächer als Gärten hat eine lange Geschichte. Frühe Belege finden sich bei den Ausgrabungen des rund 3500 Jahre alten Totentempels der ägyptischen Pharaonin Hatschepsut nördlich von Theben. Die Terrassen des Tempels waren mit Papyrus und Gehölzen in Behältern bepflanzt und teils aus dem Nil bewässert. Auch von den Dächern bürgerlicher Häuser im Neuen Reich Ägyptens sind Dachgärten bekannt. In Schriften aus dem Zweistromland finden sich Quellen, die von terrassierten Hanggärten berichten, wobei die «Hängenden Gärten der Semiramis» besondere Bekanntheit erlangten. Bis heute werden viele Details über dieses Weltwunder der Antike unterschiedlich interpretiert. Dass diese Terrassengärten die Menschen über Jahrtausende beschäftigen, zeugt vom Eindruck, den die Erzählungen über den begrünten Palast hinterlassen. Nach altgriechischen Quellen lagen diese bewässerten Gärten auf einem gestuften Gebäude, dessen bepflanzte Terrassen mit Bitumen, Gipsmörtel und Bleiplatten abgedichtet waren.

In der griechischen und römischen Antike wurden die Traditionen der ägyptischen und orientalischen hängenden Gärten aufgegriffen. Und sie wurden in der Renaissance oft zitiert. Von der Renaissance bis zum Barock war der Blick vom erhöht gelegenen Ziergarten aus wichtig. Die Herrschaftshäuser erhielten dafür teilweise unterbaute Terrassengärten. Begrünt wurden sie in der warmen Jahreszeit oft mit Zitruspflanzen, die in Töpfen wuchsen. Häufig findet sich im historischen Zusammenhang auch die Abbildung des Torre Guinigi in Lucca. Der 44 m hohe mittelalterliche Turm ist schon seit mehr als 400 Jahren mit Steineichen bepflanzt.

In nordischen Ländern entstanden begrünte Dächer nicht, weil ein Garten angelegt werden sollte, sondern weil sie isolieren. Verwendet wurden dafür Rasenziegel, sogenannte Grassoden. Besonders verbreitet sind begrünte

Maison Henfel. Wochenendhaus mit begrüntem Dach.
Skizze von Le Corbusier, 1934.

Steildächer in Skandinavien. Sie sind mit Birkenrinden und Holzteer abgedichtet und mit Torfsoden belegt und so begrünt. Mit den Wikingern kam diese Isolationstechnik auch nach Island, Grönland und Nordamerika.

In Europa wurde die Flachdach-Bauweise mit der Entwicklung des Holzzementdaches populär. Erfunden wurde diese Konstruktion 1839 vom schlesischen Böttchermeister Samuel Häusler. 1867 empfahl der Berliner Maurermeister Carl Rabitz in seiner Broschüre «Naturdächer von vulkanischem Cement» die Einführung des flachen Daches, nicht zuletzt wegen der darauf anzulegenden Gärten. Danach verbreitete sich das Flachdach rasch in ganz Europa, erst recht, als Stahlbeton höhere Traglasten zuliess. Im 20. Jahrhundert fielen vor allem die begrünten, verspielt-farbigen Gebäude des Wiener Künstlers Friedensreich Hundertwasser oder die Erdhäuser des Schweizer Architekten Peter Vetsch auf. Hundertwasser wollte ausdrücklich «der Natur auf dem Dach zurückzugeben, was ihr beim Hausbau weggenommen wurde». Andererseits verhalf die Architektur des Modernismus den Flachdächern zum Durchbruch. Le Corbusier plädierte dafür, die «fünfte Fassade» zu begrünen, und realisierte dies auf dem «Petite Maison» oder auf dem «Maison Henfel».

Allerdings zeigt sich, dass sich Le Corbusiers Vision der Flachdachnutzungen in Mitteleuropa nicht erfüllt hat. Zwar haben sich Flachdächer bauökonomisch durchgesetzt, doch eine Nutzung erfolgt immer noch selten. Der Diskurs um den Wert und die Vorzüge grüner Dächer will dies ändern.

Warum grüne Dächer?

Die Gebäudebegrünung liefert Antworten auf drängende Fragen der ökologischen Stadtplanung. In den Städten herrschen höhere Temperaturen als im Umland, man spricht von urbanen Hitzeinseln. Gründe sind die Versiegelung der Böden und der daraus entstehende ungünstige Wasserhaushalt. Städte haben oft zu wenig Parkanlagen und sind mit ökologisch wertvollen Habitaten unterversorgt. In solchen Situationen können Dachbegrünungen eine Kompensation bringen, denn sie verbessern den Wasserhaushalt und schaffen Lebensräume für Tiere und Pflanzen. Grossen Nutzen haben qualitätsvoll begrünte Dächer auch für die Bewohnerinnen und Bewohner.

Besonders einfach lassen sich Flachdächer begrünen. Rund 15 Prozent der städtischen Arealfläche sind in den deutschsprachigen Ländern von Gebäuden mit flachen Dächern belegt. In Industriegebieten ist dieser Wert noch um einiges höher. Allein in der Schweiz sind das rund 150 Millionen Quadratmeter Dachfläche mit Eignung zur Begrünung.

In der Stadt Zürich wurden 2015 die bestehenden Flachdächer erfasst. Dabei wurden rund 5,11 Mio. Quadratmeter registriert, was in etwa der Fläche aller Naturschutzobjekte auf Stadtgebiet entspricht. Zwar waren 40 Prozent dieser Dächer damals grün, viele waren aber ökologisch unzureichend. In anderen Städten sehen die Zahlen ähnlich aus. 2022 zeigt eine bundesweite Untersuchung für Deutschland, dass zwar jedes Jahr rund 90 Millionen Quadratmeter begrünbare Dächer gebaut, aber nur knapp 10 Prozent davon auch tatsächlich begrünt werden.

Dabei haben hochwertig begrünte Dächer unzählige ökologische, ökonomische und soziale Vorteile. Sie halten das Regenwasser zurück und tragen dazu bei, dass bei Starkregen die Kläranlagen weniger überlastet werden. Bis zu 90 Prozent des Wassers werden so verzögert der Entwässerung abgegeben

Nicht zuletzt in Städten verbessern Dachbegrünungen das Klima und bringen eine ökologische Aufwertung.

oder verdunstet und schaffen damit ein besseres Mikroklima auf dem Dach. Die Verdunstung kühlt auch das Dach und die darunterliegenden Räume. Besonders in warmen Regionen mit stark klimatisierten Innenräumen hilft dieser Effekt, Energie einzusparen.

Die Biomasse und die Substratschicht brechen die Temperaturmaxima und gleichen Temperaturen aus. Sie isolieren und sind sowohl Wärme- als auch Kälteschutz. Die Einsparung an Heizkosten in den Wintermonaten kann längerfristig die höheren Baukosten eines begrünten Daches im Vergleich zu einem kostengünstigen Kies- oder Ziegelbruchdach kompensieren. Kommt dazu, dass ein begrüntes Dach die Lebensdauer der Abdichtung von 20 auf 40 Jahre verdoppeln kann. Einige Gemeinden leisten deshalb Förderbeiträge für ökologische Begrünung oder reduzieren die Abwassergebühren für entsprechende Gebäude.

Neben der grossen Bedeutung für die Klimaanpassung der Städte ist die Biodiversität eine wesentliche Qualität dieser Grünflächen über unseren Köpfen. Hochwertig begrünte Dächer können ausgezeichnete Lebensräume für gefährdete Tier- und Pflanzenarten sein. Orchideen, Heuschrecken, seltene Käfer, Schmetterlinge, Wildbienen und Spinnen siedeln sich in diesem Ersatzlebensraum an. In bebauten Gebieten sind begrünte Dächer Brut- und wichtiger Futterplatz für Vögel. Hunderte Tier- und Pflanzenarten finden hier ihre Refugien.

Optisch fördern grüne Dächer, dort wo sie einsehbar sind, das Wohlbefinden vor allem im städtischen Umfeld. Und begehbare Dachgärten sind Oasen der Erholung, zumal die Freiflächen am Boden in vielen Städten begrenzt sind. Nicht zuletzt sind sie auch Nutzgärten, wenn auf dem Dach Gemüse, Beeren oder Früchte angepflanzt werden.

Bedeutende Errungenschaften bei den baurechtlichen Grundlagen

Die Schweiz hat bedeutende Errungenschaften bei der Begrünung von Dächern erzielt. In verschiedenen Regionen sind entsprechende Vorschriften in den Baureglementen verankert. Dies hat zu einer wesentlich höheren Dichte begrünter Dächer geführt als in Ländern, in denen nur Empfehlungen existieren. Auch mit Fördergeldern werden nicht dieselben Begrünungsquoten erzielt wie mit Vorschriften. Weil mit Forschungsprojekten Daten gesammelt werden, können die betreffenden Vorschriften weiter verbessert werden, mit dem Ziel, eine möglichst hohe ökologische Wirkung zu erzielen.

In der Stadt Basel verlangt das Baugesetz schon seit den späten 1990er-Jahren, dass ungenutzte Flachdächer zu begrünen sind. Dies betrifft alle Dächer mit einer Neigung von weniger als 10 Grad und einer Fläche ab 10 m^2. Verlangt wird die Begrünung sowohl bei Neubauten als auch bei Sanierungen. Ergänzend zur allgemeinen Begrünungspflicht ist auch die Dicke der Vegetationsschicht vorgeschrieben. 2016 wurde das Minimum von 10 auf 12 und 2023 auf 15 cm erhöht. Damit wird dem Klimawandel, den höheren Temperaturen und längeren Trockenperioden im Sommer Rechnung getragen: Dickere Schichten haben eine höhere Wasserspeicherkapazität und verhindern, dass die Lebensräume auf den Dächern zu früh im Jahr und zu lange austrocknen.

Die Stadt Zürich hatte als erste in der Schweiz bereits 1991 eine Begrünungspflicht in der Bau- und Zonenordnung erlassen. 2015 wurden die Anforderungen erhöht. Seither ist eine ökologisch hochwertige Begrünung gefordert, auch in Kombination mit Solaranlagen. Es gibt ausserdem Qualitätsanforderungen an das Substrat, damit eine ausreichende, für das Wachstum der Pflanzen relevante Wasserspeicherkapazität gesichert ist, und verlangt wird auch regionales Saatgut. Diese verschärften Vorschriften sind eine Reaktion auf den Befund, dass viele Dächer zwar die grundlegendsten Begrünungskriterien erfüllt hatten, aber keine hochwertige ökologische Leistung zeigten. Aufgrund der konsistenten Erfolgskontrollen und der Weiterentwicklung von Vorgaben sind in Zürich und Basel inzwischen viele Dächer hochwertig begrünt. Aber auch viele weitere Städte und Gemeinden kennen entsprechende Regelungen.

Auch der Schweizerische Ingenieur- und Architektenverein (SIA) hat einschlägige Normen erlassen. Die 2013 eingeführte SIA-Norm 312 *Begrünung von Dächern* regelt die Projektierung, die zu verwendenden Baustoffe und die Ausführung. Diese Regelung ergänzt die SIA-Norm 271 *Abdichtung von Hochbauten* und SIA-Norm 318 *Garten- und Landschaftsbau*.

Eine wertvolle Dachbegrünung hoch über der Zürcher Europaallee.

Begrünungstypen

Dächer werden je nach Aufbauhöhe der Vegetationstragschichten und der Bepflanzung unterschieden in «extensiv» oder «intensiv» begrünt. Extensiv begrünte Dächer weisen einen geringeren Substrataufbau auf, was einen nicht sehr dichten Pflanzenwuchs entstehen lässt. Sie benötigen deshalb in der Regel wenig Unterhalt. Unter Intensivbegrünungen versteht man Dachgärten und bepflanzte Dachterrassen, die zur Erhaltung eines gestalteten Gesamtbildes der Vegetation eine aufwändigere gärtnerische Pflege erfordern.

Extensiv begrünte Dächer

Für Flora und Fauna sind extensiv begrünte Dächer als Lebensraum interessant. Sie sind normalerweise nicht betretbar, ausser zur Pflege oder zur Erhebung wissenschaftlicher Daten. Studien zeigen, dass qualitativ hochwertige Extensiv-Gründächer einer überraschend grossen Zahl seltener und gefährdeter Tier- und Pflanzenarten einen Lebensraum bieten können. Sie reduzieren damit die negativen Auswirkungen jener Eingriffe ins Ökosystem, die durch einen Hausbau entstehen.

Dachbegrünungen werden in Mitteleuropa meistens auf Flachdächern oder auf solchen mit nur geringer Neigung umgesetzt. Auf Schrägdächern fliesst das Regenwasser aufgrund des grossen Gefälles schnell ab. Im kühl-feuchten Skandinavien sind Begrünungen mit Grassoden immer ausreichend mit Wasser versorgt, sodass die Vegetation nicht austrocknet und sich ein dichter Bewuchs etablieren kann. In Regionen mit wärmeren Sommern trocknen diese Steildächer aber zu schnell aus. Der Bewuchs bleibt dadurch deutlich weniger dicht und die Erosion ist stärker. Ein darauf angepasstes Substrat muss eine hohe Wasserspeicherkapazität und eine ausreichende Schichthöhe aufweisen. Bautechnisch erfordern Steildachbegrünungen eine Sicherung

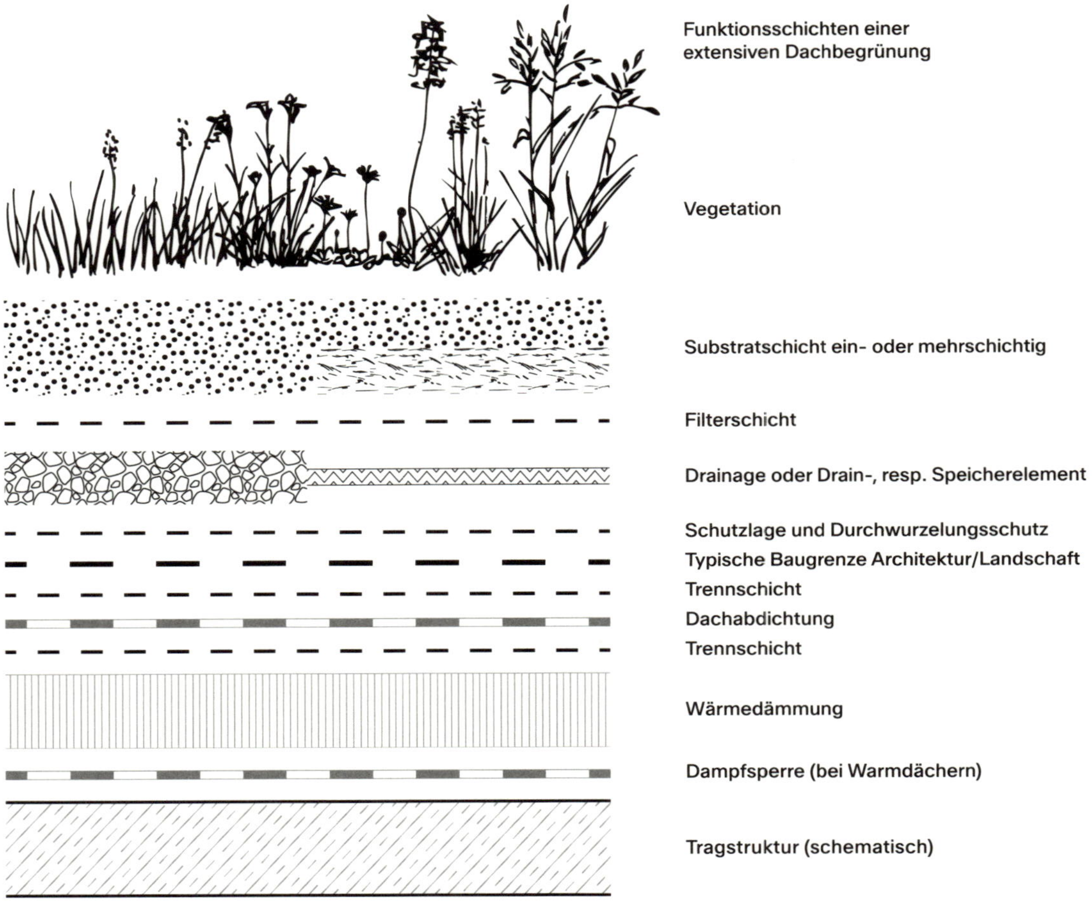

der Vegetationstragschicht mit Querbalken als Schubsicherung. Zur Erosionsminderung auf der Oberfläche können schnell wachsende Pflanzen und eine Bewässerung während der Anwachsphase oder Erosionsschutzmatten, beispielsweise solche aus Kokosfasern, sinnvoll sein. Die zwei portraitierten Dächer Asphof [Seite 93] und Senneria [Seite 101] weisen einen eher geringen Neigungswinkel von unter 15 Grad auf, was in beiden Beispielen eine Extensivbegrünung ohne Schubsicherungen ermöglicht.

Ein grosser Vorteil des extensiv begrünten Daches ist die geringere Anforderung an die Traglast. Die Schichtstärke des Substrats beträgt hier 10–15, optimalerweise bis zu 25 cm. Bei einer dünnen Vegetationstragschicht kann sich aufgrund des limitierten Wasserangebots in der Regel keine dichte und hohe Vegetation entwickeln. Der Bewuchs trocknet im Sommer, oft bereits im Juni, aus. Einjährige Pflanzen sind hier deshalb im Vorteil. Artenreichtum und das Spektrum an Vegetationsformen nimmt aber mit zunehmender Dicke der Vegetationstragschicht zu.

Extensiv begrünte Dächer mit Solaranlagen

Heute werden Dachflächen immer mehr auch für die Installation von Solarpanels genutzt. Dabei wird oft in einem «Entweder-oder»-Ansatz abgewogen, ob eine Begrünung erfolgen soll oder ob Panels installiert werden. Diese stehen leider zu oft noch auf gekiesten, vegetationsfreien Dachflächen. Manchmal werden bisher begrünte Flächen dafür sogar abgeräumt. Dabei ist eine Kombination beider Nutzungen möglich und bietet Synergieeffekte sowohl für die Energieproduktion wie für die Biodiversität.

Im Projekt SMARTRoofs werden durch die Forschungsgruppe Stadtökologie der ZHAW Solargründächer bezüglich ihrer Bedeutung für die Biodiversität ausgewertet. Diese Untersuchungen ergänzen bisherige Erkenntnisse, dass in der heissen Jahreszeit die Leistung der hitzesensiblen Solarpanels durch die kühlende Wirkung der Verdunstung durch eine Begrünung gesteigert werden kann. Die Leistungssteigerung beträgt je nach Einrichtungsform 0,5 bis 8 Prozent. Die Untersuchungen zeigen auch, dass eine aufgeständerte Solaranlage mit 30–40 cm Abstand zwischen Vegetationstragschicht und den Unterkanten der Module die besten Resultate liefert. Um die Beschattung der Panels durch hervorwachsende Vegetation zu vermindern, sind im Bereich der Unterkante der Panels eher dünne Substratschichten vorteilhaft. Im Bereich der Oberkanten können die Schichten dicker sein. So werden die durch Panels beschatteten Bereiche mit kleinerer Verdunstung für gewisse Pflanzen- und Tierarten zum wertvollen Lebensraum. Die Kombination von Solaranlagen und exponierten, offenen Flächen bildet aus ökologischer Sicht eine attraktive Kombination für ein grosses Artenspektrum. Abstände zwischen den Panels lassen Licht auf die Substratdecke durch, auch dies fördert den Lebensraum unter einer Solaranlage.

Auf besonders nährstoffarmen, trockenen Dächern dominieren Moos und Fetthennen *(Sedum)*.

Mit etwas besserem Wasserspeicher siedeln sich neben den Fetthennen (Vordergrund) einjährige und kurzlebige aber auch mehrjährige Pflanzen an (Hintergrund).

Dank mehr Substratdicke wachsen Gräser und Kräuter auf dem Dach und können den Charakter von Trockenwiesen entwickeln.

Auf Anhäufungen von natürlichem Substrat spriesst eine artenreiche Vegetation mit Stauden und Gräsern.

Intensiv begrünte Dächer können als Gärten genutzt werden.

Zur Vermeidung von unerwünschtem und problematischem Schatten wurden verschiedene Installationsformen getestet. Lücken, die Lichteinfall zwischen PV-Modulen zulassen, und der Abstand zur Vegetationstragschicht sind dabei wichtige Steuerungsgrössen. Vorteile bieten senkrecht gestellte, bifaziale Panels, die der Vegetation besonders viel Platz lassen, wie sie auf dem Dach der Alten Druckerei Mattenbach [Seite 127] montiert sind. Die Vegetationspflege im Bereich der vertikal gestellten Solarpanels ist sehr einfach, da die Flächen hindernisfrei zugänglich sind.

Intensiv begrünte Dächer

Dachterrassen eignen sich insbesondere als Aufenthalts- und Gartenflächen für Bewohnerinnen und Bewohner eines Hauses. Gestalterisch bieten sie einen wesentlich grösseren Spielraum als extensive Dächer. Neben Stauden-, Strauch- und sogar Baumpflanzungen sind auch Gemüsegärten und viele weitere Nutzungen möglich.

Voraussetzung ist eine Konstruktion, die wesentlich höhere Traglasten aufnehmen kann, denn eine intensive Begrünung braucht genügend starke Schichtstärken des Bodenaufbaus. Nur so können grosse Gehölze wachsen. Ausserdem müssen diese Dächer begehbar sein. Solche Anforderungen sind allerdings ein gewichtiger Kostenfaktor einer Gebäudekonstruktion. Ausserdem benötigen Dachgärten aufwändigere gärtnerische Pflege und in der Regel auch eine Bewässerung, denn Dachflächen trocknen schneller aus als vergleichbare Standorte am Boden.

Der ökologische Wert von intensiv begrünten Dächern im Bereich der Biodiversität hängt stark von der Bepflanzung und vom Gestaltungskonzept ab. Bei entsprechend sorgfältiger Planung können für viele Arten vergleichbare ökologische Werte erreicht werden wie auf extensiv begrünten Dächern. Solche Beispiele bieten ein hohes Naturerlebnis und können auch didaktisch eingesetzt werden.

Aufbau einer Dachbegrünung

Substrate und Aufbau der Vegetationstragschicht

Viele der heute für die Begrünung von Dächern verwendeten Vegetationstragschichten entsprechen nicht einem natürlichen Bodenmaterial und -aufbau. Meist handelt es sich um vulkanische Schüttstoffe wie Lava-Bims oder Ziegelbruch, die mit geringen Anteilen von Land- oder Komposterde vermischt werden. Diese Schüttstoffe lassen sich zwar leicht mit Pumpen und Schläuchen auf ein Dach blasen, doch sie sind je nach Mischung oft sehr grobporenreich und trocknen deshalb rasch aus. Der daraus oft resultierende spärliche Bewuchs kann einen deutlich reduzierten ökologischen Nutzen und eine geringe Bedeutung für die Biodiversität entwickeln.

Dagegen führen Vegetationstragschichten, die aus natürlichen Bodenbestandteilen stammen, zu deutlich besseren Resultaten. Dies können krümelige Oberböden sein, denen allenfalls Sand beigemischt wird. Auch nährstoffärmere Materialien aus tieferen Bodenschichten eigen sich gut. Natürliche Vegetationsschichten sind von der Logistik her allerdings oftmals aufwändiger. Die Beispiele Seewasserwerk Moos [Seite 85] und Restaurant Grüne Gans [Seite 77] zeigen, dass sie einen ökologischen Mehrwert bringen können für die Biodiversität und oft auch für spezielle, seltene Arten.

Für hochwertige extensive Begrünungen, die die Biodiversität fördern wollen oder die Grundlage für spezifische Arten wie Orchideen oder seltene Tierarten sind, wird heute vermehrt auf natürliche Substrate oder Mischungen im Mehrschichten-Aufbau gesetzt. Bei entsprechender Konstellation und guter Planung können die durch einen Neubau verlorenen Böden im Idealfall auf das Dach verlegt werden, samt dem darin enthaltenen regionalen Saatgut und zahlreichen Lebewesen. In der Praxis zeigt sich allerdings, dass dieses Vorgehen selten gewählt wird. Häufiger stammt geeignetes Bodenmaterial aus Abhumusierungen aus der Umgebung.

Wertvoll ist auch die Kombination unterschiedlicher Korngrössen mit verschiedenem Anteil an organischem Material. Eine erhöhte Wasserspeicherkapazität kann mit einer Unterschicht aus sich zersetzendem Stroh oder Chinaschilf erreicht werden. Spezielle Einstauverfahren mit Wasserspeichermatten und gedrosselten Abläufen tragen ebenfalls zu einem feuchteren Bodenklima bei. Für viele Insektenarten bieten sandiger Kies, Sand und Bollensteine in Kombination mit nährstoffreichen Substraten einen vielfältigen Lebensraum.

Traglast und Konstruktion

Kies und Sand setzen aber leicht erhöhte Anforderungen an die Statik voraus. Die typischen, hier vorgestellten, extensiv begrünten Flachdächer haben eine Substratschicht-Stärke von 8–25 cm und weisen teilweise Hügel bis 40 cm Höhe auf. Das Optimum für eine Begrünung liegt oft bei etwa 15 cm. Bei intensiv begrünten Dächern mit Gehölzen sind bis zu 80 cm Wurzelraum üblich.

Die Materialisierung und die Schichtdicke der Vegetationstragschicht ergeben jeweils spezifische Auflasten für die Dachkonstruktion, welche entsprechend zu planen ist. Extensive Begrünungen mit Leichtsubstraten sind ab einer Belastbarkeit von 50 kg/m² möglich. In der Regel werden extensive Dachbegrünungen jedoch im Auflastbereich von 100–200 kg/m² geplant. Höhere Schichtdicken und entsprechende Tragfähigkeit vergrössern die ökologischen Wirkungen der Dachflächen. Dachgärten mit Gehölzen erfordern eine Belastbarkeit von mindestens 300 kg/m², teilweise bis über 500 kg/m² und eine zusätzliche Berücksichtigung der Windlast.

Saatgut und Anpflanzung

Soll eine Dachbegrünung ökologisch wertvoll sein, ist die Pflanzenwahl wichtig. Am resistentesten gegenüber Austrocknung sind die sukkulenten Fetthennen *(Sedum)*. Sie können als selbstwurzelnde Sprossen oder Saatgut ausgebracht werden, sollten aber immer mit anderen Pflanzen kombiniert werden.

Eine Begrünung mit Saatgut bringt wesentlich mehr Artenreichtum auf ein Dach. Geeignet – und inzwischen vielerorts vorgeschrieben – sind Mischungen mit regionalen Ökotypen. Im Handel sind spezifische Gründach-Samenmischungen erhältlich. Sie enthalten heimische Wildpflanzen und eignen sich für unterschiedliche Substrattypen oder Solardach-Kombinationen.

Eine wertvolle Begrünungsart ist das Ausbringen von Wiesenschnitt. Diese sogenannte Direktbegrünung stellt sicher, dass Saatgut aus der Umgebung verwendet wird. Mit den im geschnittenen Heu enthaltenen Samen gelangen Pflanzenarten von artenreichen Magerwiesen auf ein Dach. Wenn solche Wiesen in der Umgebung vorhanden sind, ist diese Begrünungsart zu bevorzugen, weil sie die genetisch an den Ort angepassten Pflanzen enthält. Gleichzeitig werden auch Kleinstlebewesen auf das Dach gebracht. Auch Oberboden aus der Region kann als Substrat ein vitales Samenreservoir enthalten.

Direktbegrünung bringt mit Wiesenschnitt artenreiches Saatgut aus der Region auf ein Dach.

Auf intensiv begrünten Dächern werden vorwiegend in Töpfen aufgezogene Pflanzen gesetzt, während dies auf extensiv begrünten Dächern nur selten empfohlen wird, auch wenn es in spezifischen Fällen Sinn macht, ausgewählte Pflanzenarten wie etwa Wildorchideen so auf ein Dach zu bringen. Orchideen können sich unter natürlichen Bedingungen auf einem Dach aufgrund ihrer speziellen Biologie und ihrer Abhängigkeit von Pilzpartnern nur selten autonom ansiedeln. Anpflanzungen sind auch dann vorteilhaft, wenn auf einsehbaren Dachteilen rasch eine Blühwirkung erzielt werden soll.

Eine spontane Begrünung durch Pflanzenarten mit flugfähigen Samen braucht viel Zeit, bis sich ein deckender Bewuchs entwickelt. Zudem entwickelt sich selten schnell das gewünschte Vegetationsbild. Eine aktive Ansaat und Bepflanzung führt bei entsprechender Pflege und dem Entfernen der invasiven Arten zu einer zielgerichteten Dachbegrünung.

Totholzhaufen sind nicht nur Gestaltungselemente. Sie bilden wertvolle Lebensräume für Gliederfüssler, Pilze und Schnecken.

Strukturelemente

Zentral für die Biodiversität ist die Vielfalt der angetroffenen Lebensräume. Dabei spielen neben dem variablen Schichtaufbau und verschiedenen Korngrössenzusammensetzungen der Vegetationstragschicht auch grössere Steine, lehmiger Sand für bodennistende Wildbienen und Totholz eine wichtige Rolle. Wurzelstöcke aus dem Waldbau oder Asthaufen bilden Rückzugsorte, an denen es am längsten feucht ist. Weil sich das Holz langsam zersetzt, bietet es Mikroorganismen, Pilzen, aber auch vielen Insekten eine Nahrungsquelle und Unterschlupf. Die Verteilung der Substrattypen kann dabei auch gestalterisch eingesetzt werden. Weil die Vegetation sich entsprechend der Substrathöhe unterschiedlich entwickelt, sind Muster aus unterschiedlichen Vegetationstragschichten selbst Jahre nach dem Bau noch sichtbar. Auch Holz- und Steinhaufen müssen in ihrer Anordnung nicht zufällig und wild wirken, sondern können einem eigenen Gestaltungskonzept folgen.

Spezialisierte Fassadenkletterer pflegen die Balkonbepflanzungen des Gartenhochhauses Aglaya.

Pflege

Für extensive Dächer werden in der Regel ein bis zwei Pflegerundgänge pro Jahr empfohlen. Bei wiesenartigen Dächern mit höherem Bodenaufbau und genügend Feuchte ist eine jährliche Mahd sinnvoll, denn sonst kann die Anreicherung von Nährstoffen zum Verlust seltener Pflanzen und einer Verbuschung führen. So wird der Bewuchs gezielt über die Jahre entwickelt. Gleichzeitig bleiben die ökologisch wertvollen, tiefen Sukzessionsstadien der Vegetation erhalten. Bei Dächern mit Solaranlagen sind in den ersten Jahren während der Hauptwuchszeit der Vegetation im Mai und Juni Kontrollgänge wichtig, um problematischen Bewuchs zu entfernen. Dabei zeigt sich auch, ob mit minimalem Pflegeaufwand eine optimale Stromproduktion erreicht werden kann.

Intensiv begrünte Dächer benötigen eine gärtnerische Pflege, weil hier ein bestimmtes ästhetisches Bild der Vegetation erhalten werden soll. Unerwünschte Pflanzen werden dabei entfernt, Gehölze wo nötig geschnitten. Meist sind auf solchen Dächern automatisierte Tröpfchen- oder Sprühbewässerungen nötig. Bei einzelnen begrünten Terrassen und Fassaden werden für die Pflege spezialisierte Fassadenkletterer eingesetzt.

Veränderung durch Sukzession, Pflege und Jahreszeit. Das Dach des Klinikums 2 des Universitätsspitals Basel vom Bau 2003 bis 2021 (von oben nach unten).

Lebensraum auf dem extensiv begrünten Dach

Gründächer sind Lebensräume mit extremen Bedingungen. Sommertrockenheit, dünne Substratschichten sowie extreme Temperaturen lassen sich mit Kiesbänken in Flussauen, Kiesgruben oder Felshabitaten vergleichen: Im Sommer herrscht auch dort oft Dürre, im Winter kommt es auf Flachdächern manchmal zum Wasserstau. Solche Extrembedingungen bieten vielen Arten Vorteile, denn trockenwarme, dynamische Lebensräume mit wenig Vegetation sind in der mitteleuropäischen Landschaft selten geworden. Karge Dächer können deshalb spezialisierten Arten hervorragende Habitate bieten.

Arten, die mobil sind – meist solche, die fliegen können –, wie ausgewachsene Heuschrecken oder Schmetterlinge, Käfer oder Wildbienen – und natürlich Vögel – siedeln sich gerne auf begrünten Dächern an. Für viele Tierarten, die sich nur «zu Fuss» ausbreiten, sind Dächer dagegen schwer oder gar nicht erreichbar. Langsame und wenig mobile Arten wie zum Beispiel die Schnecken gelangen gelegentlich passiv – mit Totholz oder Wiesenschnitt – auf die Dächer. Auch Vögel wurden als «Transportvehikel» für kleine Schneckenarten schon nachgewiesen. Einzelne Tiere nutzen den Wind, um neue Standorte zu finden: Spinnen lassen sich mithilfe der Thermik, ihren in den Wind gestellten, wie ein Segel genutzten Fäden, verdriften.

Lange wurde angenommen, dass Flachdächer für verschiedene Tierarten nur Durchgangshabitat oder Futterplatz sind. Inzwischen zeigen Untersuchungen, dass es eine erstaunlich grosse Anzahl Arten gibt, die über viele Generationen auf extensiv begrünten Dächern leben. Nachgewiesen ist dies für Heuschrecken, Tagfalter, Spinnen, Wildbienen, Schnecken und Käfer. Weil viele Insekten nur ausgewachsen flugfähig sind, belegt der Fund von Larven oft die Fortpflanzung auf dem Dach. Auch individuelle Faktoren beeinflussen die Artenzusammensetzung auf einem Dach. So kann etwa in einer Hanglage

Extensive Dächer bieten vielen Arten einen Lebensraum. Von oben nach unten: Die Veränderliche Krabbenspinne, die Mauereidechse, das Nest einer bodenbrütenden Ente sowie die Hain-Schnirkelschnecke.

Heuschrecken, Falter und Wildbienen sowie seltene Orchideen finden auf begrünten Dächern einen Lebensraum.
Von oben nach unten: Westliche Beissschrecke, Kleiner Fuchs (Tagfalter), Blauschwarze Holzbiene und das Kleine Knabenkraut.

eine direkte Verbindung von Dach und natürlicher Umgebung einen direkten Zugang für Tiere schaffen. Auch die Umgebung kann eine Rolle spielen: Kommt in der Nähe eines Daches ein Naturschutzgebiet mit grossem Bestand an flugfähigen Insekten vor, kann dies die Besiedlung beschleunigen.

Qualitäts- und Erfolgskontrollen

Die Forschungsgruppe Stadtökologie an der ZHAW und mehrere Gartenbauämter der Städte werten die ökologischen Erfolge aus. In unterschiedlichen Ansätzen wird untersucht, welche Massnahmen besonders gute Resultate bringen. Inzwischen sind langfristige Datenreihen entstanden, die detaillierte Einblicke in die Artenvielfalt ermöglichen. Es sind zehntausende Individuen von hunderten Arten erfasst worden. Und nicht nur die Zahl der Arten erstaunt. Oft finden sich auch gefährdete und naturschutzrelevante Arten auf Dächern. Manchmal sogar solche, die in der Region sonst bereits ausgestorben sind.

Heuschrecken und Tagfalter werden für die Bestimmung mit einem Kescher gefangen.

Schneckenarten werden in Substratproben ausgezählt und bestimmt.

Bodenlebende Insekten, zum Beispiel Laufkäfer, werden in eingegrabenen Becherfallen gesammelt und gezählt.

Für jede untersuchte Artengruppe wird ein spezifisches Erhebungsverfahren angewendet. Auf der Bodenoberfläche lebende Insekten wie Lauf- und Kurzflügelkäfer und viele Spinnenarten lassen sich in Becherfallen nachweisen, die in die Vegetationstragschicht eingegraben werden. Andere Arten müssen von Auge und in einem jeweils auf die Artengruppe spezifischen Zeitfenster gesucht werden, denn spezialisierte Wildbienen fliegen oft nur wenige Wochen oder Monate während der Blütezeit ihrer Wirtspflanze.

Ausgewachsene Heuschrecken können anhand ihrer Zirpgeräusche bestimmt werden, meistens ist aber ein Fang mit dem Kescher der sicherste Weg für die Bestimmung. Auch Schmetterlinge werden meist mit Kescher gefangen, kurz für die Bestimmung fixiert und wieder freigelassen.

Pflanzenarten werden in einem abgesteckten Raster oder in festgelegten Punkten entlang einer Linie, einem sogenannten Transekt, bestimmt. Auch hier ist eine jahreszeitliche Planung nötig, weil nicht alle Arten zur gleichen Zeit gut bestimmbar sind. Schnecken können anhand ihrer Gehäuse von Auge bestimmt werden, Kleinstschnecken werden aus Substratproben ausgezählt. Bei vielen Arten ist eine Bestimmung nur über die mikroskopische Analyse möglich, dafür braucht es Expertinnen und Experten mit entsprechender Fachkenntnis.

Jonas Frei

Biozentrum

Mit Ökologie gegen freche Krähen

Semi-intensive Dachbegrünung
Teilweise Bewässerung
Klimaanpassung / Kühlung

Ort

Basel

Dachfläche

1500 m²

Baujahr

2020, Aufwertung 2023

Umsetzung

ZHAW

Architektur

Ilg Santer Architekten, Zürich

Begrünungsart

Wildblumen-Rollrasen, Direktsaat

Substrat

**Gartenerde auf
Basler Dachsubstrat**

Pflege

**Bewässert, Schnitt mit
Heckenschere und teilweiser
Entfernung der Biomasse**

Das Biozentrum der Universität Basel ist eines der weltweit führenden Institute für molekulare und biomedizinische Grundlagenforschung. Auf dem 73 m hohen Turm mit grosser Befensterung wurde beim Bau zuerst eine extensive Begrünung umgesetzt und an den Rändern des Dachs wurde unter den Schienen des Fassadenlifts Rundkies verteilt. Auch deswegen konnte sich zuerst keine geschlossene Vegetationsdecke entwickeln. Schon kurz nach Fertigstellung des Neubaus begannen Rabenkrähen die Kieselsteine vom Dach zu werfen. Die Folge: Die in den Boden eingelassenen grossen Glasscheiben die die darunterliegenden Hörsäle belichten, bekamen Sprünge. Weil es keine Möglichkeit gab, diese Krähen von ihrem Spiel abzuhalten, wurde die Forschungsgruppe Stadtökologie der ZHAW zugezogen.

Um den Rabenkrähen den Spass zu verderben, schlug die Forschungsgruppe vor, die Kieselsteine möglichst rasch mit Erde und Wildblumen-Rollrasen zu überdecken und damit gleichzeitig die ökologische Qualität der Dachbegrünung zu verbessern. So entstand eine semi-intensive Dachbegrünung, auf der sich rasch eine vitale Wiese entwickelte. Heute werden die blühfreudigen Teppiche aus Wicken, Honigklee und Schafgarben von summenden Hummeln und Honigbienen besucht.

Aufgrund von Brandschutzbestimmungen wurde zusätzlich eine automatische Sprühbewässerung installiert. Sie sorgt dafür, dass die Vegetation bis in den Hochsommer hinein grün bleibt, während typische extensiv begrünte

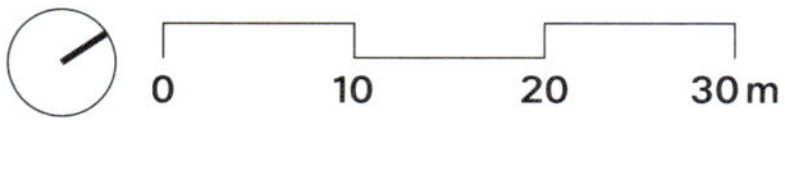

Dächer während der trockenen Monate in Brauntöne getaucht sind. Im Inneren Teil des Daches wurde zusätzlich Wiesenschnittgut aus dem Naturschutzgebiet Badischer Bahnhof ausgebracht. Die darin enthaltenen Pflanzensamen haben für botanische Überraschungen gesorgt: So gedeiht die Basler Spezialität, die Rheinische Flockenblume *(Centaurea stoebe)* prächtig.

Weil die Bewässerung der Randbereiche bis zur Mitte des Daches drückt, ist auch hier die Vegetation üppiger als auf einem vergleichbaren extensiv begrünten Dach mit geringer Substratschicht. Da sowohl das ursprüngliche Substrat als auch Kompost einen eher sauren pH-Wert aufweisen, wachsen auf dem Dach auch andere rare Pflanzen, die in der kalkreichen Jura- und Molasse-Landschaft rund um Basel selten sind, etwa der Hasenklee *(Trifolium arvense)*.

Die Forschungsgruppe hat auf diesem Dach auch die Insektenvorkommen untersucht. Schon in den ersten Jahren waren die Resultate überraschend. Auf über 70 m Höhe finden sich rund 60 Käferarten. Der Fund einiger Heuschrecken wie der Langflügligen Schwertschrecke *(Conocephalus fuscus)* und der Grossen Schiefkopfschrecke *(Ruspolia nitidula)* sind ein beachtlicher Erfolg. Die auf dem Dach gefundenen Langfühlerschrecken leben in natürlichen Habitaten in Feuchtwiesen. Hier oben können sie von der Bewässerung und der hohen Vegetation profitieren.

Weil die Pflanzen im bewässerten Randbereich rascher wachsen, werden sie im Bereich des Fassadenlifts mit der Heckenschere jährlich einmal zurückgeschnitten. Der Rückschnitt hat nicht nur das Ziel, die Vegetation zu erhalten und Unterhaltsarbeiten der Fassade zu erleichtern. Diese Unterhaltsmassnahme ist zusammen mit der Bewässerung auch eine Feuerschutz- und Sicherheitsmassnahme. Und nicht zuletzt leistet das Biozentrum so einen Beitrag an die Kühlung der städtischen Wärmeinsel. Der Anstoss kam von den Rabenkrähen.

●●●●	Biodiversität
●●○○	Strukturreichtum
●●●●	Wasserrückhaltung
●●●●	Klimawirkung
●○○○	Aufwertung Wohn-/Arbeitsumfeld

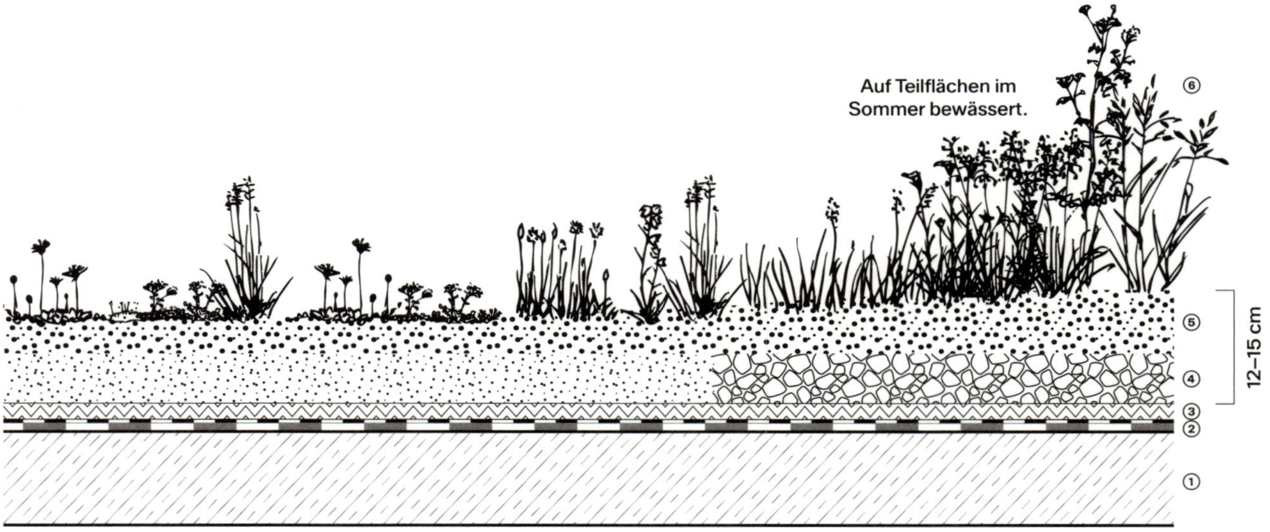

⑥ Fertigrasen und Schnittgut-Übertragung DB-Areal
⑤ 3 cm Gartenerde und darüber «Fertigrasen Miniflora» in Randbereichen
④ Unterschicht: «Basler Dachsubstrat», Rand: Rundkies
③ Drainschicht
② Abdichtung
① Tragstruktur (schematisch)

73 Meter über den Strassen leben Schiefkopfschrecken (links unten), Erdhummeln (rechts unten) und eine grosse Pflanzenvielfalt mit Spezialisten wie dem Hasenklee.

Die üppig bewachsenen Dachrandbereiche des Biozentrums Basel werden bewässert und benötigen einen jährlichen Schnitt, um den Fassadenlift freizuhalten.

Klinikum 2
Universitätsspital

Vogelparadies und grüne Aussicht für Patienten

Biodiversität
Aufwertung des Wohnumfelds
Orchideen

Extensiv
begrünte Dächer

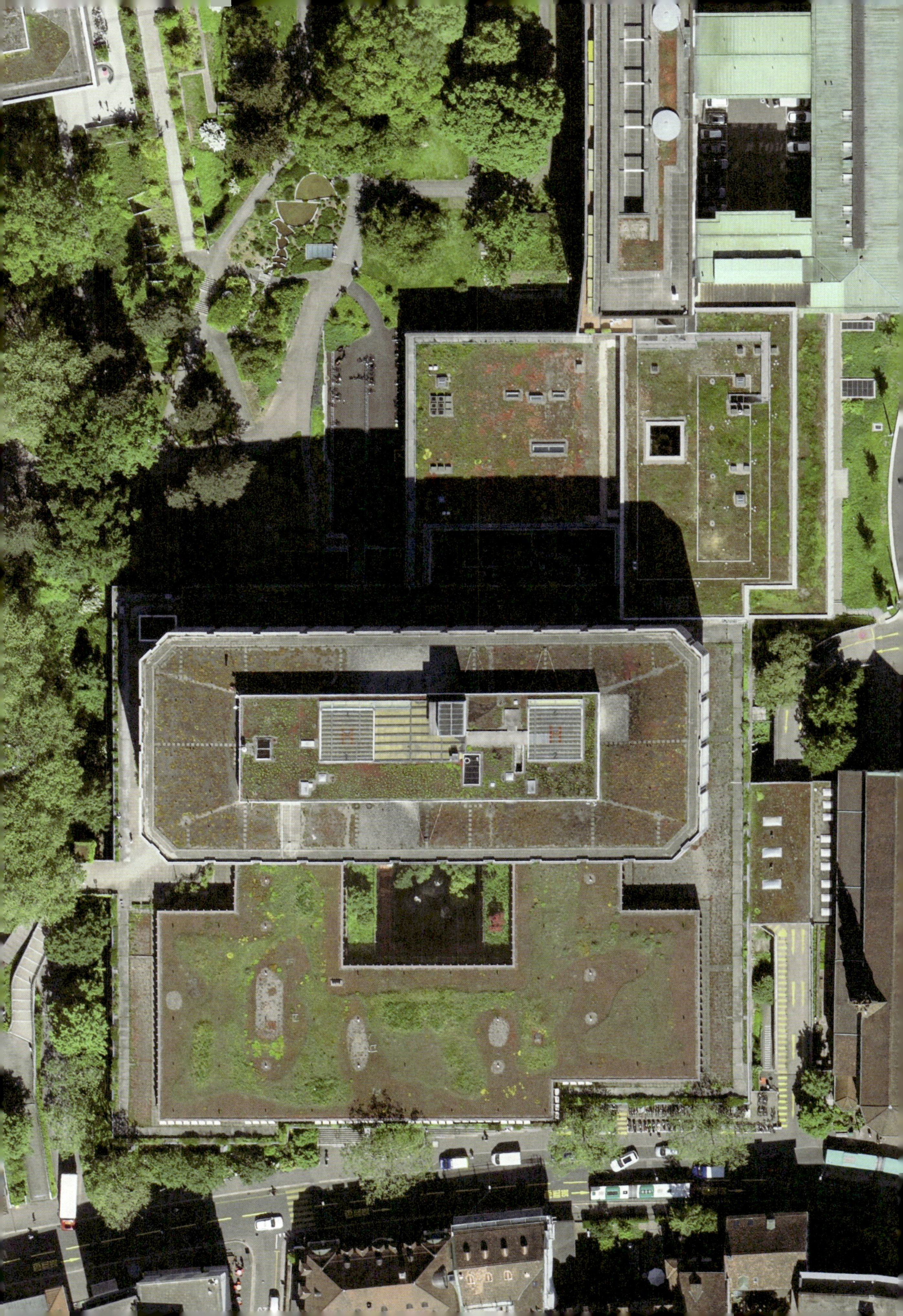

Ort
Basel
Dachfläche
3100 m²
Baujahr
1974, Sanierung und neue Dachbegrünung 2003
Umsetzung
ZHAW
Architektur
Suter + Suter Architekten, Basel
Begrünung
Basler Dachkräutermischung, Saatgut aus Oberboden
Substrat
Oberboden, sandiger Oberboden
Pflege
Jährliche Kontrolldurchgänge

Das Klinikum 2 des Universitätsspitals Basel war eine Pioniertat des ökologischen Bauens. Der Komplex wurde 1978 fertiggestellt. Dabei wurden alle Flachdächer im Rahmen einer ganzheitlichen Strategie begrünt. Anlässlich der Sanierung 2003 wurden die Dächer unter der Leitung der Forschungsgruppe Stadtökologie der Zürcher Hochschule für Angewandte Wissenschaften (ZHAW) aufgewertet. Aus verschiedenen Substrattypen wurden geschwungene Formen ausgelegt. Diese Muster entstanden aus den unterschiedlichen Bodenaufbauten. 20 Jahre nach der Sanierung zeigt die Vegetationsentwicklung ein vielfältig differenziertes Wuchsbild.

Das ursprünglich ausgebrachte Substrat bestand aus sandigem Oberboden und wurde nach der Sanierung wiederverwendet und stellenweise mit neu ausgewähltem Oberboden ergänzt. Durch diese Variation entstanden vielfältige Lebensräume, in denen sich grasreiche Trockenwiesen, kurzlebige, ruderale Standorte mit Natternkopf und Schneckenklee sowie spärlich bewachsene und vegetationsfreie Stellen abwechseln. Saatgut war im eingebrachten Oberboden vorhanden. Dank der Einsaat der Basler Dachkräutermischung aus einheimischen Wildpflanzen hat sich zusätzlich eine vielfältige Vegetation entwickelt.

Über fünfzig Pflanzenarten wurden inzwischen auf dem Dach nachgewiesen, wobei sich ein kleines Juwel, die Bienenragwurz *(Ophris apifera)*, eine seltene und besonders zierende Orchidee, ansiedeln konnte. Auf anderen Dächern des Universitätsspitals wurden Orchideen aktiv angesiedelt. Dabei wurde hauptsächlich

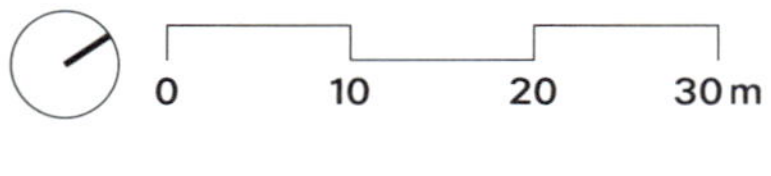

auf das Kleine Knabenkraut gesetzt, das heute einen schönen Bestand auf dem neuen Operationstrakt bildet. Diese Details können die Patientinnen und Patienten aus dem angrenzenden Bettenhaus leider nicht erkennen, sie haben aber eine wunderbare Aussicht auf eine einmalig grüne Landschaft.

Manche Pflanzenarten auf diesem Dach sind Futterpflanzen für Raupen von Tagfaltern. Ein grosser Bestand von Hornklee ist für die Raupen des Hauhechelbläulings *(Polyommatus icarus)* wichtig. Er wurde beim Monitoring mehrmals festgestellt. Als Leitart wurde bei der Dachsanierung der Hausrotschwanz *(Phoenicurus ochruros)* bestimmt, der in einer vorangehenden Studie als hauptnutzende Art von Dachbegrünungen in Basel eruiert werden konnte. Die Studie zeigte auch, dass eine massgebende, ökologische Funktion das Nahrungsangebot für Vögel darstellt. Vor allem Vögel mit Bezug zu offenen Landschaftsräumen beziehen begrünte Dachflächen sehr schnell und systematisch in ihr Lebensraummosaik in Städten ein. Sie finden hier natürliches Futter in Form von Insekten, Spinnen oder auch essbare Samen und Pflanzenteile, Nistmaterial und manchmal auch nur ein ruhiges Plätzchen in der sonst störungsintensiven Stadt.

Besonders im Frühling und Sommer ist der typischerweise von erhöhten Standorten aus jagende Hausrotschwanz bei seiner Suche nach Insekten auf den Dächern anzutreffen.

●●●● Biodiversität
●●●○ Strukturreichtum
●●●○ Wasserrückhaltung
●●●○ Klimawirkung
●●●● Aufwertung Wohn-/Arbeitsumfeld

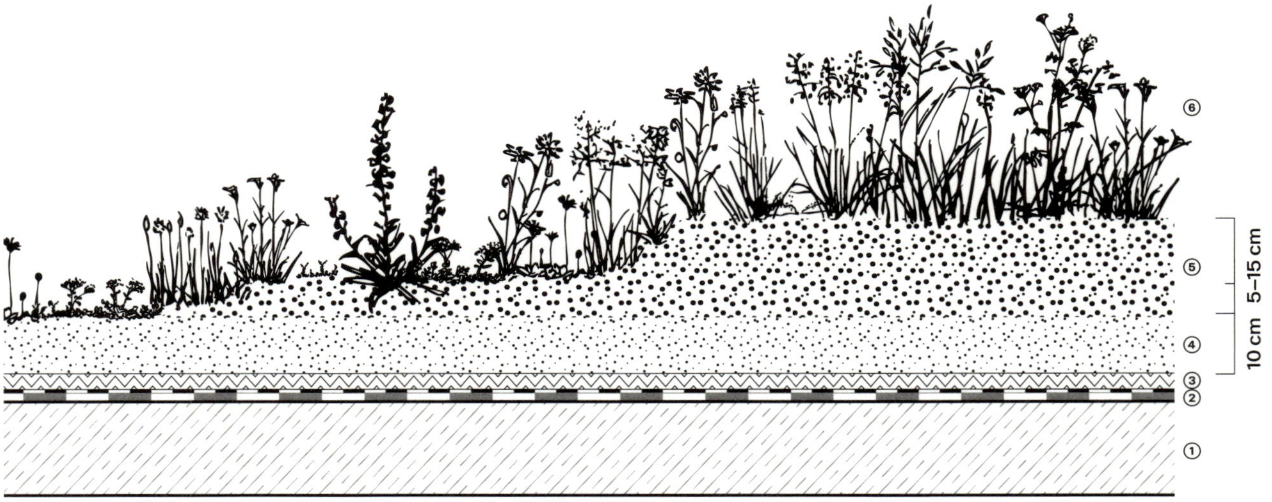

⑥ Vielfältige Wiesenvegetation aus Oberboden und angesät
⑤ Oberboden, 5–10 cm
④ Sandiger Oberboden, 10 cm
③ Drainschicht
② Abdichtung
① Tragstruktur (schematisch)

Auf dem Dach leben unter anderem der Gartenrotschwanz
und das Kleine Wiesenvögelchen.
Hier wächst auch die Bienen-Ragwurz (oben rechts).

Die verschiedenen Substrate auf dem Dach des Basler Klinikums 2 lassen sich bis heute an der Vegetation ablesen. Aus den Samen im Oberboden entwickelte sich rasch die Pioniervegetation.

Schulhaus Looren

Musteranlage für Wildbienen

Biodiversität
Naturförderelemente

Extensiv
begrünte Dächer

Ort

Zürich, Quartier Witikon

Dachfläche

2000 m²

Baujahr

Sanierung 2019

Umsetzung

Uniola, Zürich, Wildbiene + Partner, Zürich, Monitoring ZHAW

Architektur

Horisberger Wagen Architekten, Zürich (Sanierung)

Begrünung

Ansaat und Bepflanzung mit Stauden und Zwiebeln

Substrat

Dachgartensubstrat, Kies, lehmiger Sand

Pflege

Regelmässiger Schnitt

Es summt und brummt über den Köpfen der rund 300 Schülerinnen und Schüler der Schulhäuser Looren in Zürich Witikon. Bei der energetischen Sanierung 2019 wurde auf rund 2000 m² ein Wildbienenparadies auf den Dächern gestaltet. Weil Wildbienen in aller Regel nicht stechen und mit ihrer Vielfalt und Nistweise einen faszinierenden Einblick in die Artenvielfalt gewähren, bieten sie Schülerinnen und Schülern einen spannenden Einblick in die Natur.

Die Schulhausdächer waren vor der Sanierung mit einer artenarmen Sedum-Moos-Begrünung bedeckt. Zur Verbesserung des Substrats wurden rund 115 Wildpflanzenarten ausgesät und angepflanzt und zusätzliche Nistplätze geschaffen. Damit konnten optimale Bedingungen für Wildbienen geschaffen werden.

In der Schweiz sind rund 600 Wildbienenarten heimisch. Sie unterscheiden sich in ihren Lebensgewohnheiten jeweils stark. Manche nisten in selbst gegrabenen Gängen in sandigem Boden, andere in bestehenden Hohlräumen, wie sie durch Frassgänge im Holz oder durch Abbrechen von Pflanzenstängeln entstehen. In eigens hergestellten Wildbienenhäuschen werden diese Nistplätze auch künstlich angeboten. Eine dritte Gruppe nagt sich aktiv Gänge in Totholz oder in markige Stängel von Pflanzen. Und fast jede Wildbienenart hat eine spezialisierte Kuckucksbiene, die als Parasit die Nistweise dazu nutzt, ihren eigenen Nachwuchs zu versorgen. Anders als Honigbienen leben die meisten Wildbienen solitär und jedes Weibchen

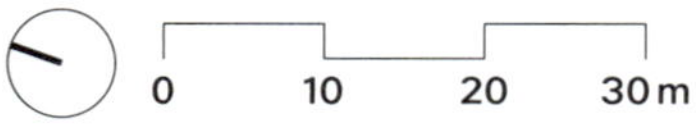

erstellt eigene Brutzellen für seinen Nachwuchs. Einen grossen Teil des Jahres entwickeln sich die Larven und ernähren sich von gesammelten Pollenpaketen.

Einige Wildbienen sind – im Gegensatz zur Honigbiene – zudem für die eigene Futteraufnahme und für die Aufzucht ihres Nachwuchses auf spezifische Pflanzengattungen spezialisiert. Nektar oder Pollen sammeln sie nur auf einer Blütenform, Pflanzengattung oder sogar nur von einer Pflanzenart. Und nur wenn Nistplätze und Futterpflanzen nah genug beieinanderliegen, besiedeln sie einen Lebensraum. Um diesen optimal zu gestalten, wurden sandige Nisthügel und reich bepflanzte Futterhügel angelegt und mit Totholz ergänzt. Die Hügel sind dammartig aus lehmigem Sand angeschüttet, dem bevorzugten Bodentyp der bodennistenden Wildbienen. Unter rund 30 cm Sand verbessert eine Drainage-Schicht aus Kies den Abfluss des Wassers. Die Hügel bieten einen etwas dickeren Bodenaufbau als die übrigen Teile des Daches und sind mit Futterpflanzen der stark spezialisierten Bienen bepflanzt.

Durch die Ansaat und Anpflanzung der Wildpflanzen, darunter Glockenblumen *(Campanula)*, Natternkopf *(Echium)* und Wau *(Reseda)*, die für spezialisierte Arten besonders wichtig sind, können ihre jeweilig bestäubenden Bienen gefördert werden. So ist zum Beispiel die seltene Glänzende Natternkopf-Mauerbiene *(Hoplitis adunca)* ausschliesslich im Umfeld grösserer Bestände ihrer Futterpflanze, des Natternkopfs *(Echium vulgare)*, zu finden. In den Nisthügeln sind auch Furchenbienen der Art *Lasioglossum leucozonium* anzutreffen.

Der Gefahr, dass Dachflächen für Wildbienen zur «biologischen Falle» werden, weil sie hier zwar nisten, aber danach als Larven nicht überleben können, wurde mit besonderen Massnahmen begegnet. Gefährlich ist insbesondere ein Wasserstau während regenreichen Zeiten. Die Nisthügel wurden deshalb mit gutem Wasserabfluss gestaltet.

Durch diese Massnahmen konnte die Zahl der verschiedenen Wildbienen stark gesteigert werden. Vor der Sanierung kannte man 41 Arten, danach konnten fast 90 Arten nachgewiesen werden – mehr als die Hälfte der 140 im Stadtgebiet Zürichs bekannten Arten. Dass diese Massnahmen funktionieren, zeigen ausserdem die Erfolgskontrollen: Auf den eingerichteten Sandstrukturen sind erfolgreiche Wildbienenbruten nachgewiesen.

●●●● Biodiversität
●●●● Strukturreichtum
●●●○ Wasserrückhaltung
●●●○ Klimawirkung
●●●○ Aufwertung Wohn-/Arbeitsumfeld

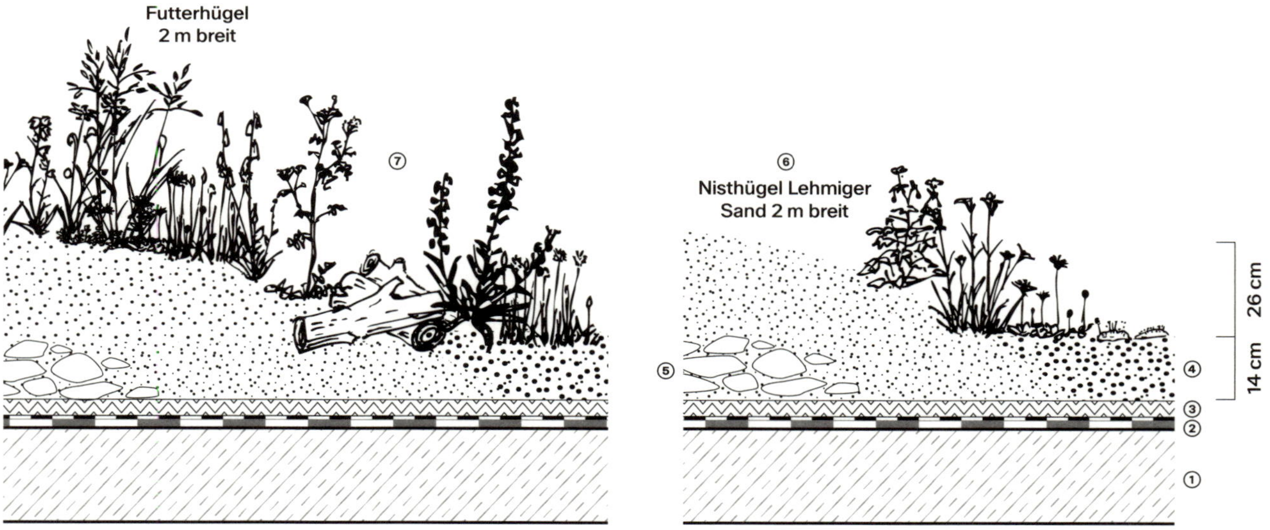

⑦ 40 Prozent Bepflanzung inkl. Geophyten
60 Prozent Ansaat: Ruderalflora und Dachkräutermischung
⑥ Hügel aus lehmigem Sand
⑤ Drain-Kiespakete unter Hügeln, 10 cm
④ Leichtsubstrat, 14 cm
③ Drainschicht
② Abdichtung
① Tragstruktur (schematisch)

Auf dem Schulhausdach sind Bienenkäfer, Natternkopf-Mauerbienen und Weisslinge (oben rechts) zusammen mit vielen anderen Insekten anzutreffen.

Der Strukturreichtum auf dem Dach des Schulhauses Looren ist die Grundlage für die grosse Pflanzenvielfalt. Fast 90 Bienenarten ernähren sich davon.

Jacob Burckhardt Haus

Orchideen-Transplantation

Biodiversität
Landschaftstransformation

Extensiv begrünte Dächer

Ort

Basel

Dachfläche

3950 m^2

Baujahr

Westflügel 2004, Ostflügel 2009

Umsetzung

Morath, Allschwil; Tecton, Niederbipp; ZHAW

Architektur

Zwimpfer Partner, Aarau; FFBK Architekten, Münchenstein

Begrünung

Basler Dachkräutermischung, Anpflanzung von Orchideen, Direktsaat

Substrat

Lava-Bims, Wandkies, Sand, Dachgartenerde, Oberboden

Pflege

Jährlicher Schnitt

Hoch über den Gleisen neben dem Bahnhof Basel SBB findet wir seltene Orchideen und eine artenreiche Wiesenvegetation. Sie wachsen auf dem in zwei Etappen, 2004 und 2009 erstellten Jacob Burckhardt Haus, einem aus sechs Gebäudeteilen bestehenden Bürokomplex. Das Motto für diesen Bau lautete: «Minimale Ressourcen für maximale Qualität». Deshalb wurden Standards für ökologisches Bauen gesetzt, inklusive einer Extensivbegrünung des Daches. Weil aber konkrete Vorgaben fehlten, war dieses nach Abschluss der Bauarbeiten nur mit einem 8 cm dünnen Lava-Bims-Granulat bedeckt, das ökologisch wenig Mehrwert bot.

Nach einer Beratung durch die ZHAW wurde das Dach aufgewertet. Das Konzept war eine Landschaftstransformation. Die begrünte Dachfläche orientiert sich seither gestalterisch an einem mäandrierenden Fluss, der durch unterschiedliche Substrattypen gebildet wird. Die verschiedenen Bereiche symbolisieren Uferzonen und Schwemmland.

Um die gewünschten, unterschiedlichen Vegetationstypen zu fördern, wurden über der Basisschicht aus 8 cm Lava-Bims-Granulat unterschiedliche Substratdicken und Substrattypen ausgebracht. Bis zu 4 cm angehäufte Sandflächen und bis 15 cm hohe, langgezogene Hügel aus Wandkies sowie Dachgartenerde in unterschiedlicher Schichtstärke bilden die wellenförmigen Muster der Flusslandschaft.

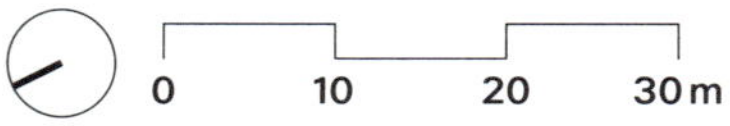

Zur Begrünung wurde Saatgut ausgebracht, darunter auch Samen aus der Basler Kräutermischung, bestehend aus heimischen Gräsern und Kräutern. Zusätzlich Wiesenschnitt des nahen Naturschutzgebiets Reinacher Heide. Seither hat sich auf dem Dach eine variable und an einigen Stellen dichte, gräserbetonte Vegetation entwickelt. Sie wird von einem grossen Bestand des Nachtigall-Grashüpfers *(Chorthippus biguttulus)* bewohnt.

Auf dem Jacob Burkhardt Haus wurde zusätzlich ein spezieller Versuch durchgeführt. Mit Bewilligung der Naturschutzbehörden konnten fünfzig Orchideen der Art Kleines Knabenkraut *(Anacamptis morio)* von den Dachwiesenflächen des Seewasserwerks Moos in Zürich Wollishofen [Seite 85] samt grosszügig abgestochenen Erdballen nach Basel gebracht werden. Diese seltene Pflanzenart kommt mit wechselfeuchten Bedingungen zurecht und toleriert sowohl Sommertrockenheit als auch Staunässe gut. Der Versuch sollte zeigen, ob die Orchideen den Standortwechsel ins trockenere Basel bewältigen. Inzwischen haben sich die Orchideen etabliert. Die meisten Mutterpflanzen haben überlebt und die Art hat sich ausgebreitet. Dabei zeigten sich spannende Muster, die im Zusammenhang mit dem unterirdischen Wachstum von Pilzmyzel, als elementare Bestandteile für das Orchideenwachstum, stehen dürften. Erstaunlich war zudem, dass die Art, die sich in Zürich in einer Substratschicht von 20 bis 25 cm Oberboden wohlfühlt, in Basel auch in Bereiche ausdehnen konnte, welche bedeutend dünnere Schichten aufweisen. Es ist keine Selbstverständlichkeit, wilde Orchideen in vitalen Beständen anzutreffen. Aufgrund von Überdüngung, frühem Schnitt und Meliorationen von Landwirtschaftsland sind in den letzten 60 Jahren über 90 Prozent der Orchideenwiesen in der Schweiz verschwunden. Auf den Dächern können sie überleben.

Für die Orchideen sind Böden mit möglichst natürlichem Aufbau wichtig, insbesondere mit Silt- und Lehmanteil. Um möglichst nährstoffarme Bedingungen zu schaffen, ist bei der Bewirtschaftung im Bereich der Orchideen wichtig zu prüfen, ob Biomasse regelmässig entfernt werden muss, um die Akkumulation von Nährstoffen zu verhindern.

●●●○ Biodiversität
●●●○ Strukturreichtum
●●●○ Wasserrückhaltung
●●○○ Klimawirkung
●○○○ Aufwertung Wohn-/Arbeitsumfeld

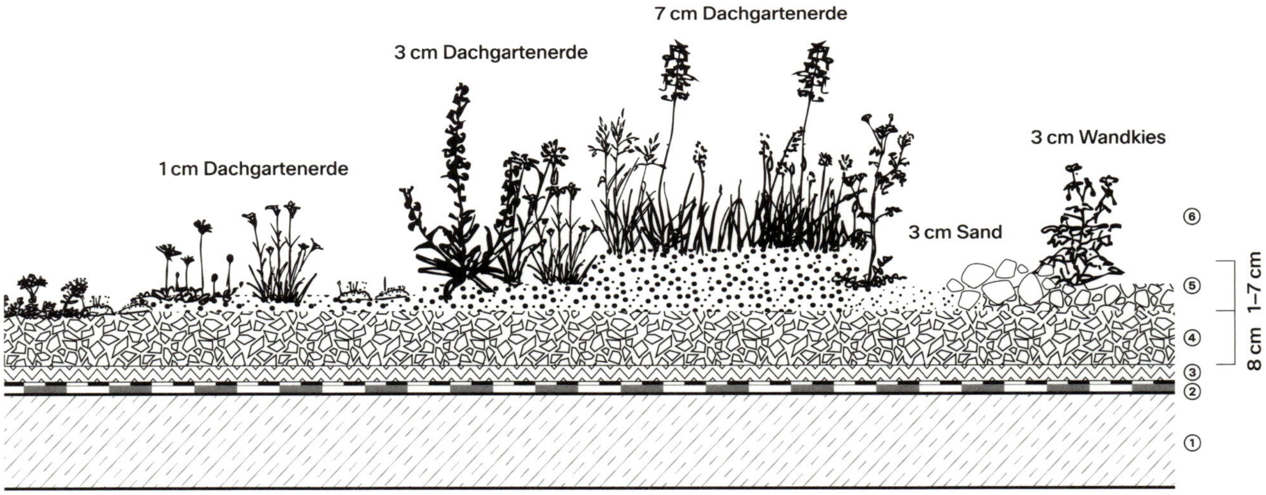

⑥ Vielfältige Vegetation aus Ansaat und Pflanzung
⑤ Verschiedene Zusatzsubstrate, 1–7 cm
④ Vulkanisches Substrat, 8 cm
③ Drainschicht
② Abdichtung
① Tragstruktur (schematisch)

Die Vegetation hat sich mit der Sukkzession über die Jahre gewandelt. Die angesiedelte Orchideen verbreiten sich immer weiter.

Lonza

Die unterschiedlichen Substrate auf dem Jacob Burckhardt Haus ermöglichen eine artenreiche Vegetation. Orchideenpopulationen werden für die Zählung markiert (unten).

Tramdepot Wiesenplatz

Grüne Welle mit Wiesenlandschaft

Leichtbauverfahren
Direktsaat
Aufwertung des Wohnumfelds

Ort
Basel
Dachfläche
7500 m²
Baujahr
2011
Umsetzung
Asphalt & Baumaterial, Basel; ZHAW
Architektur
Baader Architekten, Basel
Begrünungsart
Direktsaat Reinacher Heide
Substrat
Gehäckseltes Chinaschilf und Ziegelsand mit Komposterde
Pflege
Jährliche Kontrollgänge

Das Projekt mit dem Namen Wiesenteppich gewann 2005 den Gestaltungswettbewerb der Erweiterung des Basler Tramdepots Wiesenplatz – ein Projekt mit grünem Dach. Die neue Halle erweitert das denkmalgeschützte Depot von 1907 und wurde 2011 fertiggestellt. Die Hinterhoflandschaft, die von unzähligen Balkonen aus eingesehen werden kann, hat sich mit dem Ergänzungsbau in ein Wiesenparadies für Vögel und Insekten verwandelt. Aus der Vogelperspektive wird die spezielle Gestaltung klar: Bandartige, parallel versetzte Wellen bilden das Hallendach. Die Oblichtfenster liegen jeweils auf den Schnittflächen dieser Bänder.

Nicht nur gestalterisch, auch ökologisch ist dieses Dach einzigartig. Im Leichtbauverfahren erstellt, kann es nur mit wenigen Zentimetern Boden bedeckt und begrünt werden. Dennoch konnte jene Blumenwiese entstehen, die dem Projekt den Namen gab. Erreicht wurde dies mit einem Mehrschichten-Substrataufbau und mit vegetationstechnischer Optimierung: Unter der nur 5 cm dicken Vegetationstragschicht liegt leichtes, gehäckseltes Chinaschilf, das Feuchtigkeit gut bindet und sich langsam zersetzt.

Die Begrünung erfolgte mit Wiesenschnitt der Reinacher Heide, der artenreichsten Magerwiese in der Region Basel. Dieser Grasschnitt unterstützte die Entwicklung, sodass hier über die letzten zehn Jahre über 220 Käferarten nachgewiesen werden konnten, von denen sich einige dauerhaft etablieren konnten, andere wohl nur ein oder zwei Jahre als Zufallsgäste angetroffen wurden. Dazu gehört wahrscheinlich der sehr seltene Deutsche Sandlaufkäfer *(Cylin-*

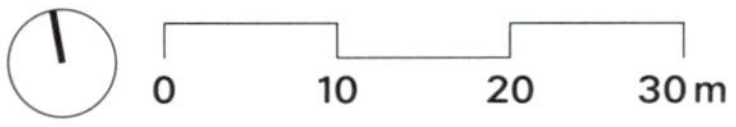

dera germanica), der auf den vegetationsarmen Bereichen nachgewiesen werden konnte. Auch sieben Heuschreckenarten leben auf dem Dach, fünf davon gelten als gefährdet. Das zeigt, wie dynamisch die Natur neue Lebensräume erschliessen kann. Die italienische Schönschrecke *(Calliptamus italicus)* ist eine dieser mobilen Arten, die sonst nördlich der Alpen nur an wärmsten Stellen verbreitet ist.

Die «Mulden» und «Wellen» dieses Daches unterscheiden sich in der Vegetation markant. Auf den erhabenen Stellen können nur Pflanzen wachsen, die an Trockenheit angepasst sind, darunter verschiedene Sedum-Arten. In den Mulden wächst die Vegetation wiesenartig, höher und artenreicher. Das abfliessende Wasser sammelt sich in diesen Mulden. Die dort entstehende Staufeuchte bringt eine angepasste Vegetation hervor. Ausserdem ist die Substratschicht hier im Laufe der Jahre etwas dicker geworden.

Das Tramdepotdach bereichert den Lebensraum und bringt eine grössere Vielfalt als ebene Dächer. Eine botanische Besonderheit ist das seltene Einfache Leinkraut *(Linaria simplex)*. Diese kleine Verwandte des Löwenmauls wächst einjährig und ist besonders im Mittelmeerraum verbreitet. Das Leinkraut liebt warme Plätze und kommt gut mit saisonaler Trockenheit zurecht. In der Schweiz kommt es fast nur in der Region Basel vor. Zum allerersten Mal in der Schweiz wurde auf diesem Dach die sehr seltene Spinnenart *Runcinia grammica* nachgewiesen. Die kleine Krabbenspinne ist eine Lauerjägerin, die unauffällig auf Blüten wartet und schnell hervorspringt, wenn ein Beuteinsekt darauf landet. Die Spinnenfauna wurde auf 29 extensiven Dächern in Basel untersucht. Dabei konnten im Verlauf der Jahre mehr als 120 Arten nachgewiesen werden. Das belegt, dass auf extensiv begrünten Dächern auch für Spinnen, die sich von einem breiten Spektrum an Insekten und anderen Gliederfüsslern ernähren, ein wertvoller Lebensraum entstehen kann.

●●●○ Biodiversität
●●○○ Strukturreichtum
●●○○ Wasserrückhaltung
●●○○ Klimawirkung
●●●● Aufwertung Wohn-/Arbeitsumfeld

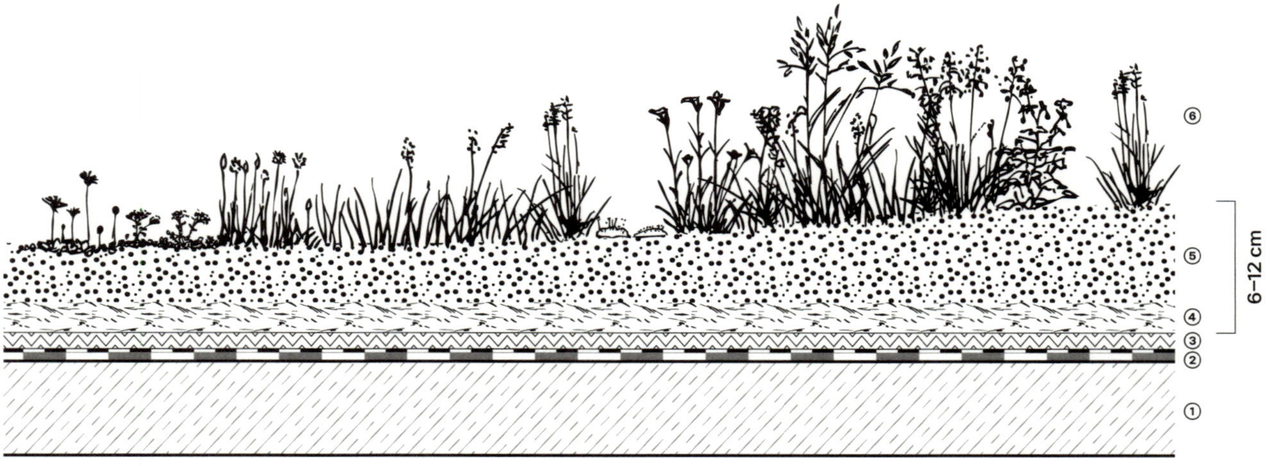

⑥ Sedum-Kraut-Gras-Mischung
Ansaat und Schnittgut-Übertragung
⑤ Oberschicht aus Ziegelsand und Komposterde
④ Unterschicht: gehäckeltes Chinaschilf
③ Drainschicht
② Abdichtung
① Tragstruktur (schematisch)

Auf einer Schicht Chinaschilf wurde das Substrat verteilt, anschliessend mit Wiesenschnitt der Reinacher Heide begrünt. Im Laufe der Jahre entwickelte sich eine je nach Jahreszeit unterschiedliche Vegetation.

Auf dem Dach des Basler Tramdepots finden der Deutsche Sandlaufkäfer, die Westliche Heideschnecke oder die Italienische Schönschrecke (unten) optimale Habitate.

St. Jakobshalle

Flussufer und Naturoase in luftiger Höhe

Leichtbaukonstruktion
Biodiversität
Landschaftstransformation
Naturförderelemente

Extensiv begrünte Dächer

Ort

Basel

Dachfläche

7100 m²

Baujahr

1976, Erweiterung 2018

Umsetzung

ZHAW

Architektur

Giovanni Panozzo, Basel; Degelo und Berrel Kräutler, Basel (Erweiterung)

Begrünung

Saatgut und Direktbegrünung

Substrat

Unterboden, Lava-Bims, gehäckseltes Chinaschilf, Landwirtschaftskompost

Pflege

Pflegerundgänge

Kies aus der nahe vorbeifliessenden Birs, kalkhaltiges Flussgeschiebe aus dem Jura und Saatgut aus der nahen Reinacher Heide sind die Grundlage für die einzigartige Vielfalt auf dem 2018 sanierten Dach der Basler St. Jakobshalle. Bei der Sanierung war anfänglich nur die Rede von einer dünnen Schicht Lava-Bims-Gestein. Grund war die relativ schwache Tragfähigkeit des Daches. Doch darauf hätten sich keine reichhaltige Vegetation entwickeln und keine seltenen Insekten ansiedeln können.

Für die Aufwertung wurden Kieslinsen, Landwirtschaftskompost und eine Unterschicht aus feuchte- und nährstoffbindendem gehäckseltem Chinaschilf auf das Dach gebracht. Rasterartig wurden die verschiedenen Substrate verteilt, damit sie sich punktuell überschneiden und so einen fein strukturierten Lebensraum bilden. Das Mosaik verschiedener Böden und Schichtdicken wurde mit Totholz von einheimischen Laubbaumarten ergänzt.

So wurde eine Vegetation initiiert ähnlich den einstigen Kiesbänken und dynamischen Ufern der Birs. Trockene, fast vegetationsfreie Bereiche wechseln sich mit blühenden Natternkopf- und Karthäusernelken-Beständen ab. Dazwischen wachsen dicht Gräser und bieten feuchteliebenden Arten etwas Deckung. Diese vielfältige Vegetation findet sich nun auf dem Hallendach und bietet über 80 Pflanzenarten einen Lebensraum. Die Samen stammen aus dem Wiesenschnitt des nah gelegenen Naturschutzgebiets Reinacher Heide, 5 km südlich am

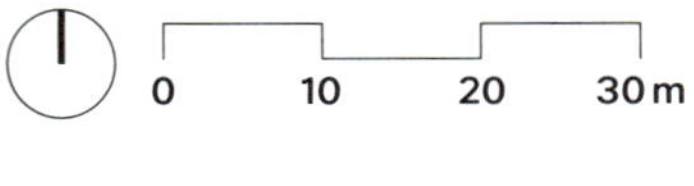

Birsufer gelegen. Selbst Raritäten wie die Gemeine Kugelblume *(Globularia bisnagarica)* wurden auf der St. Jakobhalle heimisch.

Solche Lebensbedingungen herrschten einst an den Kiesufern fast aller Mittellandflüsse, bevor ihnen durch Begradigungen und Dämme die Dynamik genommen wurde. Als Leitarten wurden für das Dach die seltenen Heuschrecken der Kiesbänke gewählt. Nach ihren Ansprüchen wurde das Dach gestaltet. Dazu gehören die Ödland- und Strandschrecken sowie die Schönschrecken. Gleich zwei dieser Arten haben sich seit der Aufwertung auf dem Dach angesiedelt: die vom Aussterben bedrohte Grüne Strandschrecke *(Aiolopus thalassinus)* und die Italienische Schönschrecke *(Calliptamus italicus)*. Beides Raritäten, die selbst Expertinnen und Experten nur selten zu Gesicht bekommen.

Das intensive Monitoring und verschiedene studentische Arbeiten zeigen Erstaunliches: Total leben hier 10 Heuschrecken- und 110 Käferarten. Viele Wildbienen, seltene Tagfalter, Spinnen sowie 12 Gehäuseschnecken-Arten sind nachgewiesen. Auch Libellen fliegen vom Ufer der nahen Birs an und finden einen geeigneten Jagdplatz. Den Abschluss der Nahrungskette bildet der Hausrotschwanz *(Phoenicurus ochruros)*, der als Wartenjäger auf technischen Aufbauten sitzt und von dort aus Insekten und Spinnen für seinen Nachwuchs erbeuten kann.

Dank der Kombination von hochwertigem Bodenaufbau und Strukturvielfalt sind auch die sehr kargen Lava-Bims-Bereiche interessant geworden. So bevorzugen gefährdete Arten wie die trockenheitsliebende Quendelschnecke und die Grüne Strandschrecke diese qualitativ wenig wertvollen Bereiche. Doch ohne Rückzugsorte und Frassplätze in der höheren Vegetation wäre auch ihr Lebensraum unvollständig.

●●●● Biodiversität
●●●● Strukturreichtum
●●●○ Wasserrückhaltung
●●●○ Klimawirkung
●●●○ Aufwertung Wohn-/Arbeitsumfeld

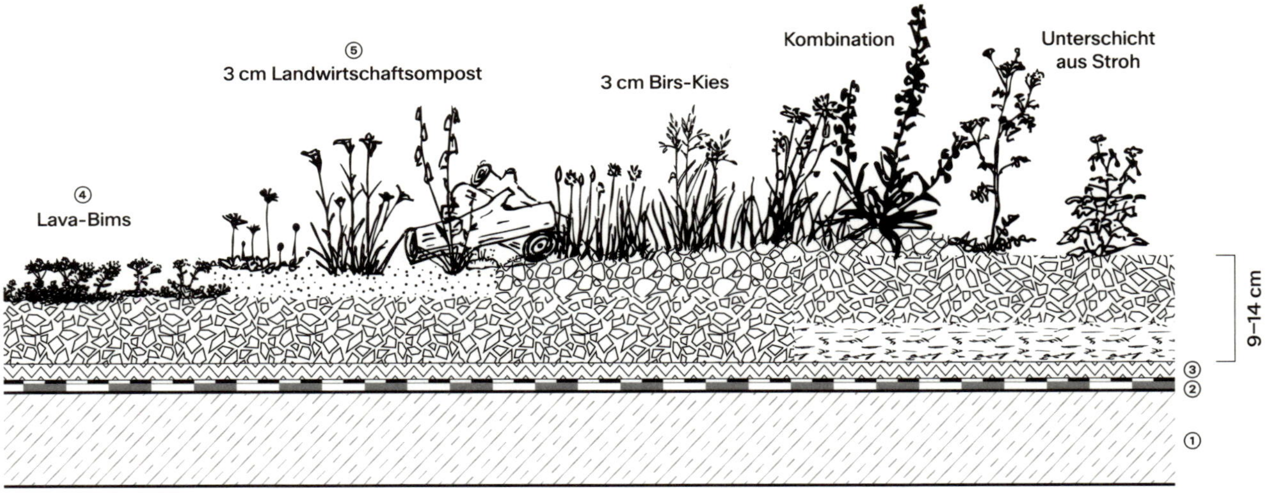

⑤ Verschiedene Zusatzsubstrate, 3–5 cm
④ 9 cm Lava-Bims, alter Bestand
③ Drainschicht
② Abdichtung
① Tragstruktur (schematisch)

Über der Eventhalle leben die Schmetterlingsart Kleiner Fuchs sowie die Quendelschnecke (oben rechts). Hier wächst auch der Natternkopf, der den Bestäubern wie der Erdhummel, Nahrung bietet (unten links).

Magere Dachbereiche mit Lava-Bims-Substraten
bieten auf der Basler St. Jakobshalle trockenheitliebenden
Tierarten einen Lebensraum.

Restaurant Grüne Gans

Wildnis im Wildpark, Reptilienparadies

Landschaftstransformation
Biodiversität
Orchideen

Extensiv begrünte Dächer

Ort

Arth-Goldau SZ, Tierpark

Dachfläche

1750 m²

Baujahr

2014

Umsetzung

ZHAW

Architektur

HPK Architekten, Einsiedeln

Begrünung

Saatgut und Direktbegrünung

Substrat

Aushub, 12–18 cm

Pflege

Partiell gemäht

Direkt über dem Restaurant Grüne Gans im Tierpark Goldau blüht farbenfroh eine Magerwiese. In die Böschung hineingebaut, schliesst das Dach des Y-förmigen Gebäudes im Süden direkt am Terrain an. Der Entstehungsprozess dieser Begrünung war aussergewöhnlich: Ein Aufruf, unverschmutzten Aushub zur Baustelle des Restaurants zu bringen, lockte zahlreiche Bauunternehmen aus der Region an. Sie brachten Oberboden und Unterboden, kiesiges und sandiges Material aus der Region. Der Aushub, der sonst kostenpflichtig hätte entsorgt werden müssen, zeigte ein grosses Spekturm an Bodenbeschaffenheiten, an denen sich die vielfältigen Vegetationstypen ablesen lassen.

Am Talgrund des ehemaligen Bergsturzgebiets von Arth-Goldau ist das Klima rauer und kühler als in den Städten des Mittellandes und wesentlich niederschlagsreicher. Dies ermöglicht eine Dachbegrünung ohne Trockenstress. Extreme Sommerhitze, die viele Gründächer saisonal braun werden lässt, ist hier weniger ein Problem.

Die «Grüne Gans» wurde 2014 mit saatguthaltigem Wiesenschnitt vom Dach des Seewasserwerks Moos [Seite 85] sowie einer hochwertigen Magerwiese aus der Region begrünt. Als blinde Passagiere sind an den Grashalmen der Direktbegrünung auch einige seltene Gehäuseschnecken auf das Dach gekommen, darunter die seltene Westliche Heideschnecke *(Helicella itala)*.

Im feuchteren Klima konnte sich auf dem in der Dicke variablen Aushub eine dichte Wiesenvegetation bilden, wie sie auf künstlichen Dachsubstraten oder sehr kiesigem Boden nicht wächst. Im Frühsommer leuchtet der Zottige Klappertopf *(Rhinanthus alectorolophus)*

zwischen den Trespengräsern *(Bromus erectus)* hervor, in Rosa- und Violetttönen blüht der Feldthymian mit Raritäten wie dem Tausendgüldenkraut *(Centaurium erythraea)* und Kreuzblumen um die Wette. Zusätzlich wurden hier mittels Ansaat und Anzucht im Labor einige wilde Orchideen angesiedelt, darunter die Mücken-Händewurz *(Gymnadenia conopsea)* oder das Fuchs-Knabenkraut *(Dactylorhiza fuchsii)*. Enten aus dem nahen Weiher des Tierparks nutzen die dichte Vegetation als Brutplatz. Generell bieten ungestörte, begrünte Dachflächen gute Nistplätze für bodenbrütende Vögel. Den direkten Anschluss an die umgebenden Wiesen nutzen auch Eidechsen. Sowohl die selten gewordene Zaun- als auch die Mauereidechse finden hier warme, ungestörte Sonnenplätze und genügend Insekten als Nahrung. Zudem hat sich mit der Schlingnatter *(Coronella austriaca)* eine Eidechsenjägerin auf dem Dach eingefunden, eine kleine Schlangenart, die im Naturschutz einen hohen Stellenwert hat.

●●●●	Biodiversität
●●●○	Strukturreichtum
●●●●	Wasserrückhaltung
●●●●	Klimawirkung
●●●○	Aufwertung Wohn-/Arbeitsumfeld

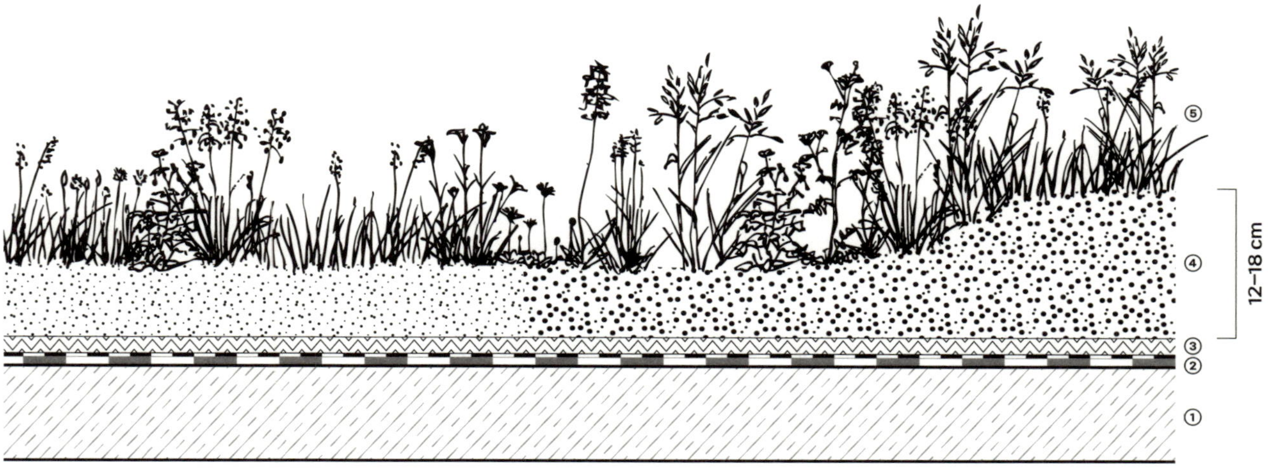

⑤ Direktsaat, Wiesenschnitt
④ Aushub in unterschiedlicher Zusammensetzung, 12–18 cm
③ Drainschicht
② Abdichtung
① Tragstruktur (schematisch)

Auf dem Dach des Wildpark-Restaurants kommen neben dem Hauhechel-Bläuling (linke Seite) auch das Echte Tausendgüldenkraut (unten links), die Westliche Heideschnecke und die seltene Schlingnatter vor.

Im feuchteren Klima der Voralpen entwickelt sich auf dem Dach des Restaurants Grüne Gans leichter eine Wiesenvegetation als im trockeneren Schweizer Mittelland.

Seewasserwerk Moos

Ökologisches Weltwunder

Biodiversität
Orchideen
Klimaanpassung/Kühlung

Extensiv begrünte Dächer

Ort
Zürich-Wollishofen
Dachfläche
4 Hallen mit total 21000 m²
Baujahr
1918
Umsetzung
Abdichtung mit 1,5 cm Gussasphalt; Monitoring ZHAW
Architektur
Gustav von Tobel, Zürich
Begrünung
Saatgut und Biomasse aus dem Oberboden, Spontanbegrünung
Substrat
20 cm Oberboden aus der Umgebung
Pflege
Regelmässiger Schnitt

Die Dachwiesen auf dem Seewasserwerk Moos in Zürich-Wollishofen sind ein Beispiel, wie aus Sicht der Raumplanung und des Naturschutzes auf Dächern ein ökologischer Ersatz geschaffen und optimiert werden kann. Die Entdeckung dieses Potenzials in luftiger Höhe führt zu einem der bekanntesten Geobotaniker der Schweiz, zu Elias Landolt (1926–2013). Dessen Wirken ist eng mit seiner Heimatstadt Zürich verzahnt. Mit wenig Erwartungen stieg er um die Jahrtausendwende auf die Dächer des Wasserwerks. Was ihn auf den damals knapp hundertjährigen Bauten erwartete, überraschte ihn und prägte die Fachwelt nachhaltig: ein purpurnes Meer aus etwa 6000 seltenen Orchideen der Art Kleines Knabenkraut *(Anacamptis morio)* blühte dort. Auch acht weitere Orchideenarten und eine grosse Vielfalt von 175 Pflanzenarten wurden nachgewiesen. Dieser Fund hat die Fachwelt nachhaltig fasziniert, zahlreiche Expertinnen und Experten aus dem In- und Ausland besuchten dieses «Weltwunder».

Das Seewasserwerk Moos entstand zwischen 1914 und 1918 und war eine der ersten Stahlbetonbauten der Schweiz. Es dient der Aufbereitung des Wassers, das aus den Tiefen des Zürichsees gepumpt wird. Zur Kühlung der Innenräume mit ihren Sandfilterbecken wurde das Dach schon beim Bau mit einer Oberbodenschicht von 20 cm Dicke aus dem Umfeld bedeckt. Die Statik des Gebäudes macht dies möglich: Eine nur 8 cm dicke Stahlbetonplatte wird von Pfeilern und Stützen getragen. Sie ist mit 1,5 cm Gussasphalt abgedichtet und trägt

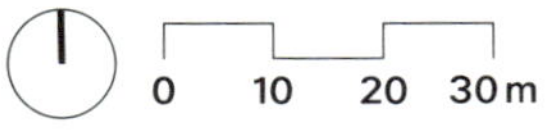

eine Dachlast von 350 bis 400 kg/m². Diese 20 cm Oberbodenschicht erwiesen sich als ideal für eine nicht zu üppig wachsende Vegetation. Denn das Wasser- und Nährstoffangebot ist dadurch limitiert. So entstand ein fast idealtypischer wechselfeuchter Halbtrockenrasen. Heute sind viele der hier oben wachsenden Pflanzen am Boden verschwunden oder selten geworden. Im Laufe der Jahre brachten Wind und Vögel viele unterschiedliche Samen auf die rund 4 m über Boden liegenden Dächer. Einige Pflanzen stammen noch aus den damals artenreichen Wiesen der Umgebung. Mit der Veränderung der Landschaft rundherum sind die Hallendächer zu ihren letzten Refugien geworden, verschont von Dünger, Entwässerung und Überbauung. Die Dächer sind eine Erinnerung an vergessene Blumenwiesen, wie sie noch vor hundert Jahren weit verbreitet waren.

In der Bodenschicht der Dächer verbleibt Feuchtigkeit, die einen dichten Pflanzenbewuchs fördert. Im Gegensatz zu sommertrockenen, ruderalen Dächern bleiben die dicht bewachsenen Hallendächer des Seewasserwerks immer grün und werden wie eine Magerwiese einmal jährlich mit dem Balkenmäher geschnitten. Gleichzeitig sorgt der Schnitt für einen kontinuierlichen Austrag von Nährstoffen. Der besonders artenreiche Wiesenschnitt wird seit vielen Jahren auch zur Direktbegrünung anderer Dächer verwendet.

Über die Jahrzehnte konnte sich auch eine reichhaltige Fauna ansiedeln. Bei neueren Untersuchungen der ZHAW wurde eine hohe Artenvielfalt an Heuschrecken, Spinnen, Tagfaltern, Käfer- und Schneckenarten festgestellt. Besonders auffällig sind die insgesamt 30 Tagfalter-Arten, die über mehrere Jahre nachgewiesen werden konnten. Sechsfleck-Widderchen *(Zygaena filipendulae)*, das Kleine Wiesenvögelchen *(Coenonympha pamphilus)* und Bläulinge flattern in den warmen Sommermonaten. Schmetterlinge benötigen nicht nur ein reiches Angebot an Nektarpflanzen, sondern auch Futterpflanzen, an denen sich ihre Larven und Raupen entwickeln. Bei den Tagfaltern auf dem Seewasserwerk sind das besonders der Hornklee für Widderchen und einige Bläulinge sowie Rispengräser wie die Schwingel für das Kleine Wiesenvögelchen.

●●●●	Biodiversität
●●○○	Strukturreichtum
●●●●	Wasserrückhaltung
●●●●	Klimawirkung
●○○○	Aufwertung Wohn-/Arbeitsumfeld

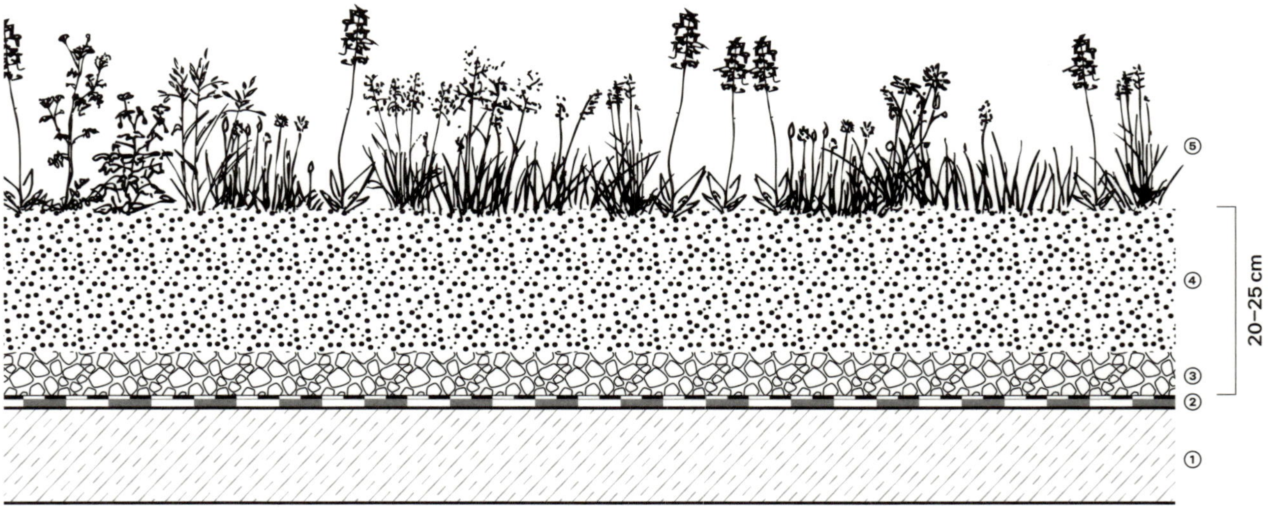

⑤ Wiese, wechselfeucht
④ Oberboden
③ Sickerkies
② Abdichtung
① Tragstruktur (schematisch)

Auf den über 100 Jahren alten Stahlbeton-Hallen liegt eine gut 20 cm dicke humose Bodenschicht.

Auf den Dächern des Zürcher Seewasserwerks Moos leben viele Falter, darunter das Sechsfleck-Widderchen. Hier entstand ein Paradies für Orchideen wie die Sumpf-Stendelwurz und das Kleine Knabenkraut (oben rechts).

Asphof

Kühlung für einen Hühnerstall

Landwirtschaftliche Nutzbauten
Leichtbaukonstruktion
Klimaanpassung

Extensiv
begrünte Dächer

Ort

Rothenfluh BL

Dachfläche

1000 m²

Baujahr

2002

Umsetzung

ZHAW

Architektur

Mangold Holzbau, Ormalingen

Begrünungsart

Einsaat und Oberboden mit Saatgut

Substrat

Chinaschilf, Oberboden auf Trapezblech

Pflege

Jährliche Kontrolle

Zwischen Rothenfluh und Hemmiken im Kanton Basel-Landschaft liegt der von Hochstamm-Obstbäumen umgebene Asphof, eingebettet in die weich geschwungene Landschaft des Basler Juras. Urchige Hochlandrinder und Pferde weiden hier an der Wasserscheide zwischen Deckbach und Länebächli. Hier leben auch rund 2000 Legehennen in einem sehr gut in die Umgebung eingepassten Auslaufstall. Dieser Stall wurde 2002 neu gebaut und verschmilzt mit seinem schrägen Gründach regelrecht mit der Landschaft. Die Hühner legen täglich rund 1800 Eier. Der Bio-Bauernhof ist in der Region für sein Restaurant und den Hofladen bekannt.

Die gestalterische Inspiration für das leicht geneigte Hühnerstalldach sind Grasdächer, wie sie in Skandinavien weitverbreitet sind. In den regenreichen Regionen Norwegens ist unter kühlen Konditionen eine Begrünung von Schrägdächern aber wesentlich einfacher als im trockenwarmen Basler Jura. Darum musste ein spezieller Aufbau gewählt werden. So entstand ein Pionierprojekt mit Vorbildcharakter, insbesondere für leichte Begrünungsaufbauten. Gleiche oder ähnliche Anforderungen an leichte Begrünungen stellen sich heute bei vielen Bestandsbauten, die keine hohen Dachlasten tragen können. Vor allem Hallen mit grossen Spannweiten müssen oft nachträglich verstärkt werden, was mit hohen Baukosten verbunden sein kann.

Beim Hühner-Freilaufstall des Asphofs mit seiner geringen Aufbaulast des Holzbaus von etwa 100 kg/m² wurde zuerst eine leichte, wasserspeichernde Unterschicht aus zerkleinertem

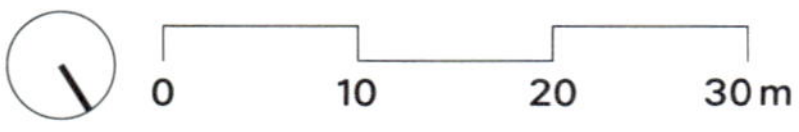

Chinaschilf erstellt, Schilf, das auf dem Areal des Asphofs angebaut wurde. Darüber wurde eine feine Schicht humusreicher Oberboden der ehemaligen Obstwiese gelegt, auf der der Hühnerstall steht. Der Begrünungsaufbau wurde direkt auf das Trapezblech-Dach aufgebracht, dessen Überlappungen mit Kittstreifen abgedichtet sind. Die regionale Herkunft der Baumaterialien garantiert die Nachhaltigkeit des Baus und war auch von den Kosten her die günstigere Lösung.

Zu Beginn wurde zur kurzfristigen Begrünung Bienenfreund *(Phacelia)* gesät, eine schnellwachsende in der Landwirtschaft übliche Gründüngung, die mit starker Durchwurzelung auch der Bodenstabilisierung dient. So konnte die auf dem Schrägdach stärker wirkende Erosion in den ersten Monaten vermindert werden. Im folgenden Jahr wurde regionales Saatgut aus Magerwiesen ausgebracht, um eine höhere Biodiversität und längerfristige Begrünung zu ermöglichen. In der Folge haben sich viele Wiesenpflanzen angesiedelt, die wohl teilweise aus verbliebenem Saatgut im Oberboden keimen konnten, besonders Wiesenklee, Breitwegerich und Gundermann. Mit der Zeit bildeten auch Brennnesseln, Quecken und Kompass-Lattich dichte Bestände, was auf eine gute Düngung des Oberbodens schliessen lässt. Vier Jahre nach dem Bau zeigte sich eindrücklich, wie die rund 15 cm Chinaschilf und die darüber abgestreuten 5 cm Oberboden nun zu einer relativ einheitlichen Substratschicht von 10–15 cm geworden sind. Das inzwischen fast vollständig kompostierte Schilf hält die Wasserspeicherkapazität hoch. So entstand im Laufe der Zeit das erwünschte Bild einer extensiven Wiese, die aber aufgrund der sommerlichen Dürre keinen Schnitt braucht. Bis heute sind auf Teilen des Daches weiterhin auch kurzlebige Pflanzen dominant, etwa das selten gewordene Acker-Stiefmütterchen *(Viola arvensis)*.

Das begrünte Dach trägt auch wesentlich zur besseren Kühlung bei. Wie gut, zeigte sich sehr rasch: Im Stall ist es bei heissen Sommertemperaturen rund 5 Grad kühler als in der Umgebung draussen. Gleichzeitig ist die Isolation im Winter besser. Ein Vorteil, der sich direkt auf die Legefreudigkeit der Hennen auswirkt.

●○○○ Biodiversität
●○○○ Strukturreichtum
●●○○ Wasserrückhaltung
●●●○ Klimawirkung
●●●○ Aufwertung Wohn-/Arbeitsumfeld

④ Begrünung mit Saatgut und Samen aus dem Oberboden
③ Oberboden, 5 cm
② Chinaschilf, 15 cm
① Tragstruktur (schematisch)

Auf dem Hühnerstall wurde im Winter 2002 Chinaschilf und Oberboden ausgebracht. Bis heute kann man an einigen Stellen das Trapezblech unter dem Substrat erkennen.

Dank seiner Dachbegrünung verschwindet
der Hühnerstall des Apshofs in Rothenfluh im Landschaftsbild.

Senneria und Stall

Dachlandschaft als Kulturlandschaft

Leichtbaukonstruktion
Landwirtschaftliche Nutzbauten
Direktsaat

Extensiv begrünte Dächer

Ort

Disentis GR

Dachfläche

500 m^2 (Senneria), 750 m^2 (Stall)

Baujahr

2009–2011

Beratung

ZHAW

Architektur

Gion A. Caminada

Begrünung

Oberboden und Regiosaatgut

Substrat

Stroh und Oberboden

Pflege

Senneria: teilweise gemäht, jährliche Pflegerundgänge

Disentis ist bekannt für sein Benediktinerkloster, das seit mehr als 1400 Jahren an der Talflanke thront. Das Kloster hielt immer Ländereien für die landwirtschaftliche Nutzung mit Stallungen und Betriebsgebäuden. Nachdem ein Brand 2006 im klostereigenen Hof Salaplauna eines der wichtigsten Zentren der Milchverarbeitung der Surselva stark beschädigt hatte, wurde der bekannte Architekt Gion A. Caminada mit dem Neubau einer Sennerei und eines Auslaufstalls für Rinder beauftragt.

Die Bauten auf Salaplauna stehen auf der gegenüberliegenden Talseite mit Sichtbezug zum Kloster. Das Ensemble besteht aus ungleichen Nachbarn: Der Stall ist ein Holzgebäude, die Sennerei ein Sichtbetonbau. Im Vergleich zu traditionellen landwirtschaftlichen Bauten der Region ist das Ensemble gross. Doch beide Gebäude haben begrünte Dächer und sind so in die Topografie der Kulturlandschaft integriert. Auf dem leicht geneigten Dach der Senneria wachsen Wildkräuter, auf dem Auslaufstall wurde neben der Begrünung eine PV-Anlage erstellt.

Am stärksten ist das Dach der Sennerei modelliert. Im aussergewöhnlichen Gebäudekomplex wird sowohl in traditioneller Art als auch mit modernster Technik Käse hergestellt. Unter der Erdschicht auf dem Dach zeichnen sich die Kellerräume ab. Die Begrünung hilft, in den Kellern eine für die Käsereifung ideale Temperatur zu halten. Die Schrägdächer der Sennerei sind mit geringer Neigung gebaut. Sie benötigen keinen speziellen Erosionsschutz und auch keine Konstruktion, um Rutschungen der Vegetationsschicht zu verhindern. Die Absturzsicherung auf den begehbaren Teilen der Sennerei besteht aus rustikalen Holzzäunen.

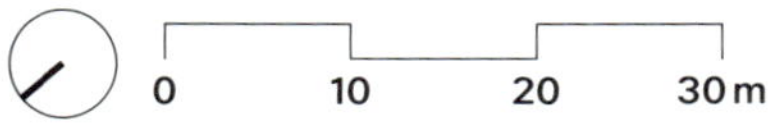

In Disentis auf gut 1000 m.ü.M. liegt die durchschnittliche Jahrestemperatur rund drei Grad unter jener von Basel. In dieser Bergregion mit eher tiefen Temperaturspitzen ist die Gefahr der Austrocknung der begrünten Dächer kleiner. Kommt dazu, dass die Niederschlagsmenge deutlich höher ist als im Mittelland. In diesem Klima ist es einfacher, die Dächer dauerhaft grün zu halten.

Die Tragfähigkeit der Dächer beider Gebäude ist unterschiedlich, sodass sich auch unterschiedliche Pflanzen und Tiere angesiedelt haben. Das Dach des Rinderauslaufstalls trägt nur rund 100 kg/m². Begrünt wurde es mit einer Unterschicht aus 10 cm gehäckseltem Stroh und 5 cm Oberboden. Hier haben sich mit verschiedenen Fetthennen *(Sedum)*, dem Magerwiesen-Gras Aufrechte Trespe *(Bromus erectus)* und dem Genfer Günsel *(Ajuga genevensis)* Pflanzen angesiedelt, die gut mit trockenen Böden zurechtkommen. – Das Dach der Senneria kann stärker belastet werden, was einen mächtigeren Schichtaufbau ermöglichte: Hier hat sich die Vegetation aus verbliebenem Saatgut aus dem Oberboden entwickelt, der aufs Dach gebracht wurde. Zusätzlich wurde Regiosaatgut ausgebracht. Auf der Senneria blühen Klatschnelken *(Silene vulgaris)* und Johanniskraut *(Hypericum)* in prächtigen Farben. Mit Westlichen Heideschnecken *(Helicella itala)* haben sich auf dem Dach des Stalles auch seltene Trockenwiesenschnecken angesiedelt.

●●○○	Biodiversität
●●○○	Strukturreichtum
●●●○	Wasserrückhaltung
●●●○	Klimawirkung
●●●○	Aufwertung Wohn-/Arbeitsumfeld

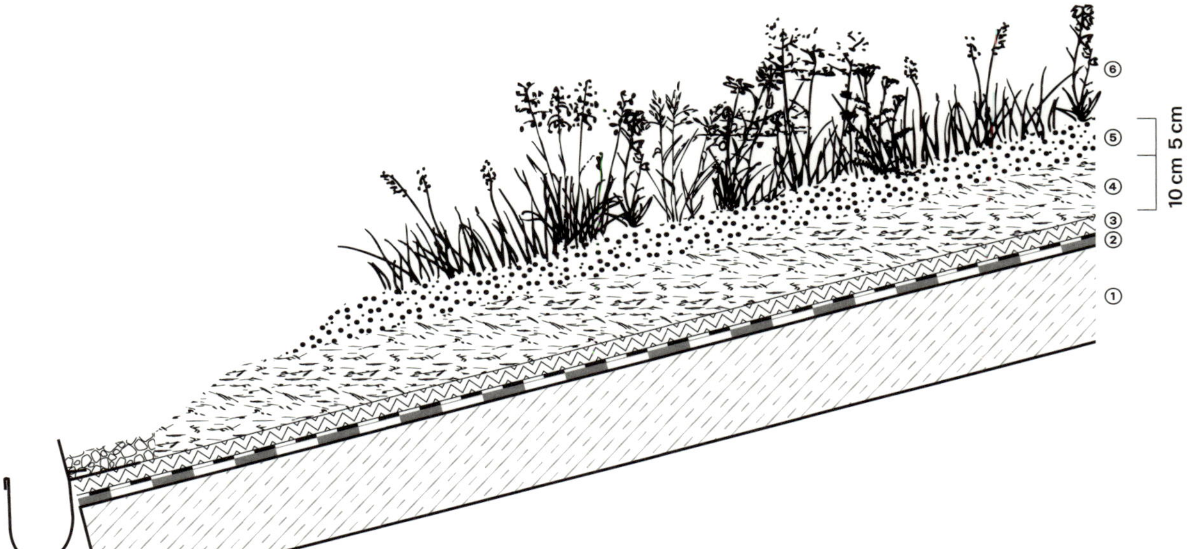

Gründach Auslaufstall

⑥ Wiesenbegrünung aus Regionalsaatgut
⑤ Oberboden, 5 cm
④ Stroh, 10 cm
③ Drainschicht (Vlies)
② Abdichtung
① Tragstruktur (schematisch)

DÖRIG BERGSENN

Die Senneria und der Auslaufstall gliedern sich in die Landschaft ein.

Auf den Dächern des Landwirtschaftsbetriebs des Klosters Disentis hat sich eine dichte Vegetation mit Trespen, Fetthennen und Genfer Günsel entwickelt.

Requisitenlager Opernhaus

Begrüntes Kraftwerk

Solar-Gründach
Biodiversität

Begrünung und Solarnutzung

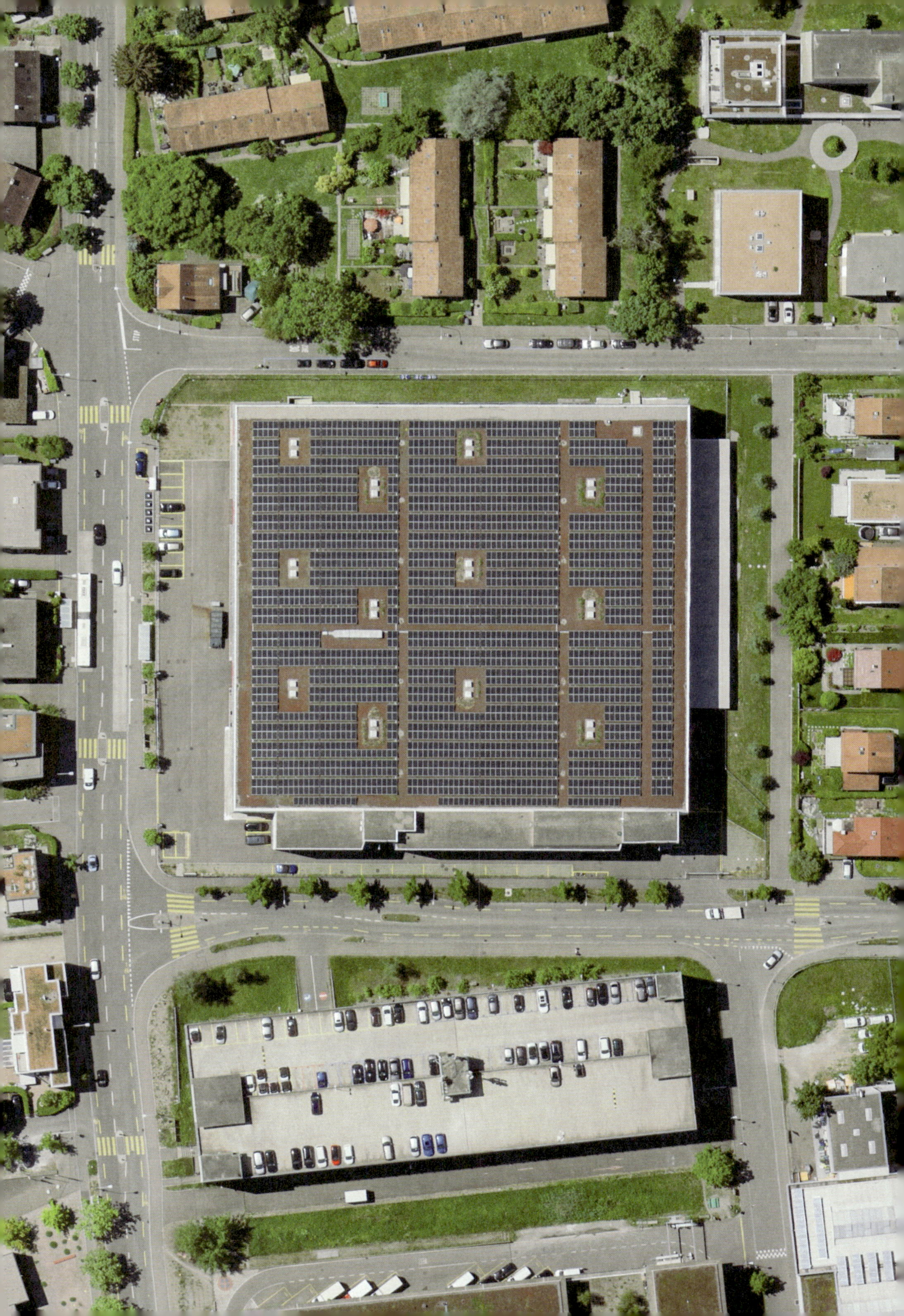

Ort

Zürich Oerlikon

Dachfläche

7700 m²

Baujahr

2019, Dachsanierung und Einrichtung Dachbegrünung

Umsetzung

Solarspar, Sissach; Lieve's Leaves, Wädenswil; Regula Müller, Zürich

Architektur

Meletta Strebel Architekten, Zürich (Umbau)

Begrünung

UFA-Dachkräuter ergänzt mit Direktsaat vom Seewasserwerk Moos, Zürich

Substrat

Lava-Bims, teilweise ergänzt mit Kompost

Pflege

Jährliche Pflege, unerwünschten Fremdbewuchs entfernen

Die ehemalige Werkzeugmaschinenfabrik Oerlikon-Bührle liess 1964 eine grosse Industriehalle mit Sheddach bauen. Im Jahr 2000 erwarb das Opernhaus Zürich die Halle als Requisitenlager. 2019 erfolgte die Sanierung des inzwischen über 60 Jahre alten Gebäudes. Die neue Gebäudehülle erinnert an einen Theatervorhang. Über das Sheddach wurde ein neues Flachdach gelegt. Während der Erneuerung diente es als Schutz bei einer Asbestsanierung. Nach dem Umbau ist es ein Vorbild für die optimierte Kombination von Dachbegrünung mit Solarenergie. Der Verein Solarspar trat als Investor dieser Fotovoltaikanlage auf. Diese produziert mit 2660 Solarmodulen Strom für 164 Haushalte. Zwischen und unter den in Schmetterlingsform aufgeständerten Solarpanels wurde gezielt Raum gelassen für einen vielfältigen Bewuchs. Dazwischen schaffen Naturförderelemente Nischen für Insekten.

Aufgrund der geringen Traglast des Daches konnte nur eine dünne Schicht von 8 cm Lava-Bims aufgebracht werden. Die Ansaat erfolgte durch Sedumsprossen und die UFA-Dachkräutermischung. In der ersten Phase konnten sich aber nur wenige Pflanzen etablieren und der Vegetationsdeckungsgrad blieb mit unter

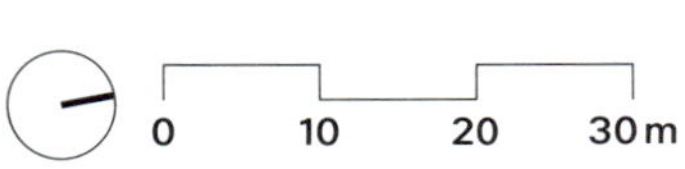

20 Prozent sehr gering. Deshalb wurden 2020 Teile des Daches mit zusätzlichen 2 cm Gartenerde bedeckt und mit einer Direktsaat begrünt. Das Saatgut stammt vom Seewasserwerk Moos in Zürich-Wollishofen [Seite 85]. Eine Bewässerung hat während der Anwachszeit die Vegetation mit Erfolg gefördert. Heute findet sich unter den Panels ein dichter Bewuchs aus Gräsern und Wildstauden. Mit Ausnahme der sukkulenten Mauerpfeffer-Arten können sich hier aber fast ausschliesslich Pflanzen halten, die im Schatten der Solaranlage wachsen. Offene Bereiche zwischen den Panels mit dünner Substratschicht sind im Sommer zu trocken und zu warm für eine grosse Pflanzenvielfalt. Zur Förderung der Biodiversität wurden in ausgesparten Bereichen zwischen den Panels fünf Inseln mit Totholz und Sandhaufen für Wildbienen geschaffen und gärtnerisch mit Wildpflanzen ausgestattet. Die Substrathügel mit ihrer grösseren Wasserspeicherkapazität ermöglichen weitere Arten. Heute blühen auf dem Dach darum das Nickende Leimkraut *(Silene nutans)*, die Grosse Braunelle *(Prunella grandiflora)* und andere Trockenwiesenpflanzen wie die Steinbrech-Felsennelke.

●●○○ Biodiversität
●●○○ Strukturreichtum
●●●○ Wasserrückhaltung
●●○○ Klimawirkung
●○○○ Aufwertung Wohn-/Arbeitsumfeld

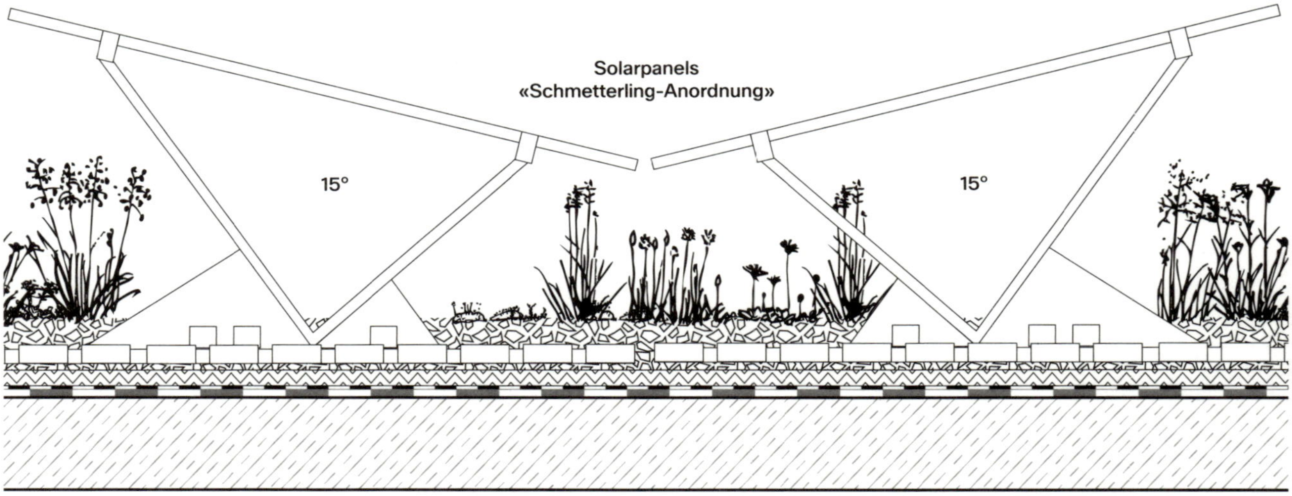

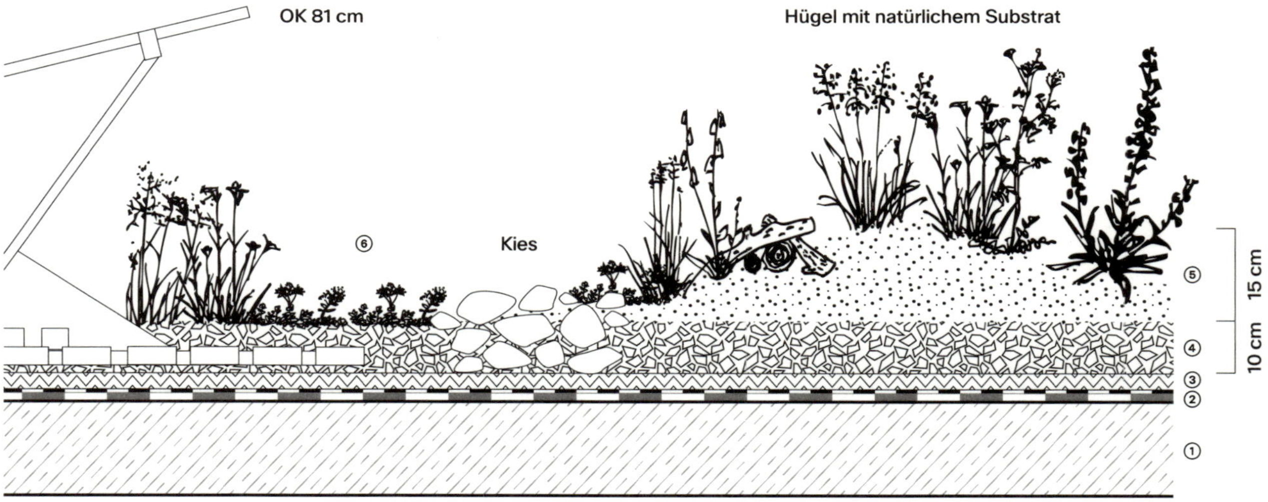

⑥ Sedum-Kraut-Gras-Mischung auf Lava-Bims-Substraten
⑤ Hügel bepflanzt, 15 cm hoch,
in Teilbereichen Wiesenschnitt vom Seewasserwerk Moos
④ Lava-Bims mit Kompost, 8–12 cm
③ Drainschicht
② Abdichtung
① Tragstruktur (schematisch)

Die Befestigungen für die Solarpanels und die Drainmatten (oben). Darauf werden zuerst krümelige Substrate mit Druckluft verteilt (rechte Seite). Danach wird von Hand angesät.

Auf dem Dach des Requisitenlagers des Opernhauses Zürich wachsen zwischen den Panels Wildstauden. Totholzhaufen sind Biodiversitäts-Förderelemente (unten links).

Einkaufszentrum Stücki Park

Biodiversität im Industriegebiet

Energiegewinnung
Schutzgebiet-Qualität
Lebensraum

Begrünung und Solarnutzung

Ort
Basel
Dachfläche
28 500 m²
Baujahr
2009, Aufwertung mit PVA 2021
Umsetzung
ZHAW
Architektur
Diener & Diener Architekten, Basel
Begrünung
Saatgut und Direktbegrünung
Substrat
Natürliche Substrate, unter den PV-Panelen Basler Dachsubstrat mit Kompostanteilen
Pflege
Keine Mahd, Schnitt unter PV-Anlage

Direkt zwischen dem Rheinhafen und dem ehemaligen Rangierfeld des Badischen Bahnhofs liegt das Areal der früheren Stückfärberei Basel. Das durch Industriebauten geprägte, benachbarte Dreiländereck ist aber auch ein Hotspot der Biodiversität. Das Naturschutzgebiet auf dem früheren DB-Gelände ist eine Trockenwiese von nationaler Bedeutung. Hier leben 400 Pflanzen- und 3000 Insekten- und andere Tierarten. Davon sind etliche als gefährdet gelistet.

Auf dem Stücki-Areal stehen seit 2009 ein Shoppingcenter und ein Technologiepark. Das Dach der grossen Hallen wurde als ökologische Ersatzfläche eingestuft und entsprechend begrünt. Es bietet auf über 20 000 m² ähnliche Bodenbeschaffenheit wie die wertvollen Magerwiesen am Rangierbahnhof. Grosse Flächen sind strukturreich und mit natürlichen Substraten angelegt. Aufgrund der Nähe zu den wertvollen Trockenbiotopen konnten sich einige botanische und entomologische Raritäten ansiedeln. Die ersten waren Insekten mit Vorliebe für Trockenwiesen und guter Flugfähigkeit. Heute ist die Biodiversität auf dem Dach für einige Tiergruppen vergleichbar gut wie in manchem Naturschutzgebiet. Die Forschungsgruppe Stadtökologie hat erstaunliche 250 Käferarten nachgewiesen, 44 davon sind Laufkäfer, von denen ein Dutzend in der Schweiz gefährdet ist.

Auch 14 Heuschreckenarten kommen auf dem Dach vor, gleich viele wie im Naturschutzgebiet des ehemaligen Rangierfeldes. Bei den Grashüpfern sind sehr seltene Arten nachgewiesen, darunter rund ein Dutzend gefährdete.

0 20 40 60 m

Besonders spezialisierte Ödland-, Sand- und Strandschrecken finden hier ihren Lebensraum. Diese Kurzfühlerschrecken waren einst auf den Kiesbänken am Rhein und an anderen Flüssen der Region weit verbreitet. Heute kommen sie fast ausschliesslich in Ersatzhabitaten vor, darunter in den ausgedehnten Gleisfeldern mit wenig Vegetation. Am Badischen Bahnhof lieben die Heuschrecken den warmen kiesigen Boden und die spärliche Vegetation – und inzwischen auch das begrünte Stücki-Dach. Auch die nördlich der Alpen seltene Europäische Gottesanbeterin *(Mantis religiosa)* lebt hier. Die grosse Fangschrecke ist nur in den wärmsten Ecken Mitteleuropas heimisch, findet hier aber passende Lebensbedingungen. Mit ihren Fangbeinen schnappt sie als Lauerjäger nach Heuschrecken, und davon findet sie auf dem Dach viele.

Um abwechslungsreiche Lebensräume zu schaffen, wurden Steinlinsen, sandiger und lehmiger Kies in einem Raster ausgebracht. Die Schichtdicke variiert zwischen 9 und 17 cm. Bis heute – mehr als ein Jahrzehnt nach dem Bau – erkennt man das Raster der verschiedenen Substrate anhand der Vegetationsstruktur gut. 2021 wurde auf dem Dach eine Fotovoltaikanlage mit 7500 m² gebaut. Die Panels sind in «Butterfly»-Formation aufgeständert montiert, was eine Untergrünung zulässt. Von der so entstandenen Beschattung profitiert auch die Biodiversität. Fast 100 Pflanzenarten wurden 2023 unter und zwischen den Panels gezählt. Auf der anderen Dachfläche wächst etwa die Hälfte. Die Kombination mit Solarpanels hat günstige Lebensbedingungen für Pflanzen geschaffen, die etwas weniger trockenwarme Lebensbedingungen mögen.

●●●●	Biodiversität
●●●●	Strukturreichtum
●●●○	Wasserrückhaltung
●●○○	Klimawirkung
●○○○	Aufwertung Wohn-/Arbeitsumfeld

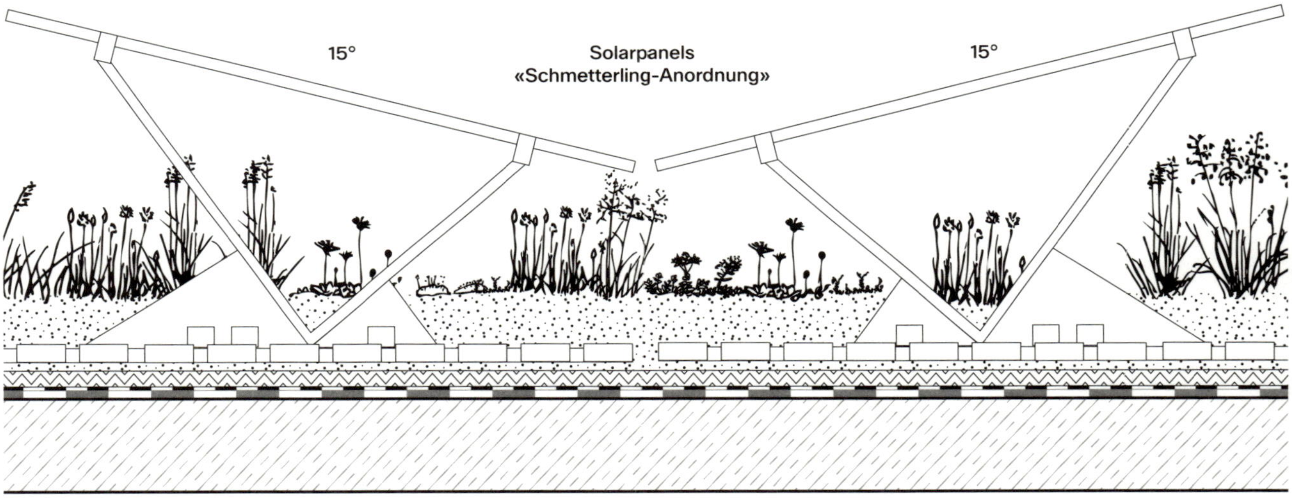

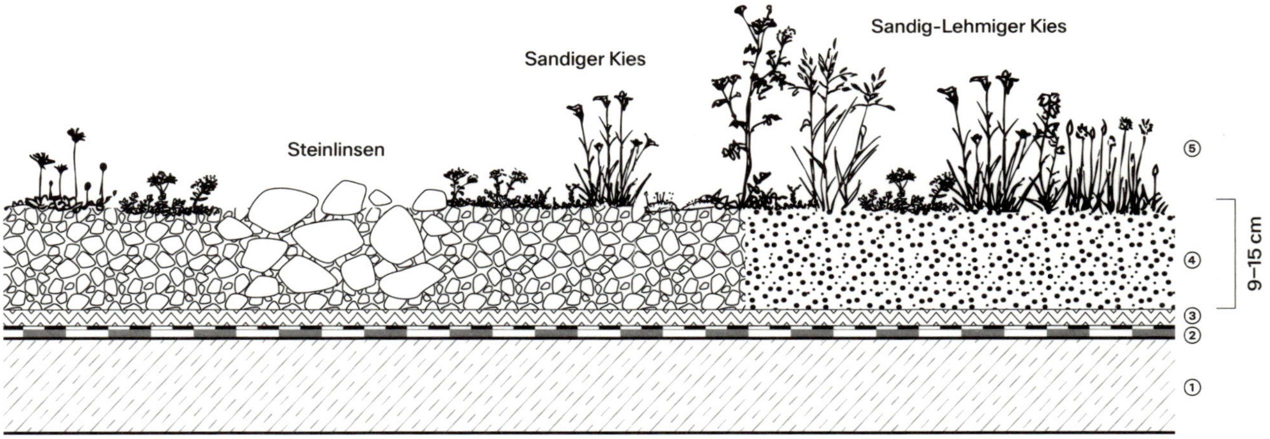

⑤ Sedum-Kraut-Gras-Mischung
④ Sandiger Oberboden, Basler Dachsubstrat
③ Drainschicht
② Abdichtung
① Tragstruktur (schematisch)

Der Oberboden auf dem Einkaufszentrum stammt von einer Baustelle in der Region. Er wird über der Abdichtung und der Drainmatte neu verteilt.

Kurz nach Abschluss der Arbeiten sind die verschiedenen Substrattypen noch gut unterscheidbar.

Das Dach des Einkaufszentrums ist für die Blauflüglige Sandschrecke (oben rechts), die Grüne Strandschrecke (unten links) und für die Gottesanbeterin ein wertvoller Lebensraum.

Die PV-Anlage auf dem Einkaufszentrum Stücki Park wirft Schatten, was eine besonders grosse Pflanzenvielfalt fördert.

Alte Druckerei Mattenbach

Multifunktionales Versuchsdach

Energiegewinnung
Biodiversität
Klimaanpassung/Kühlung
Naturförderelemente

Begrünung und Solarnutzung

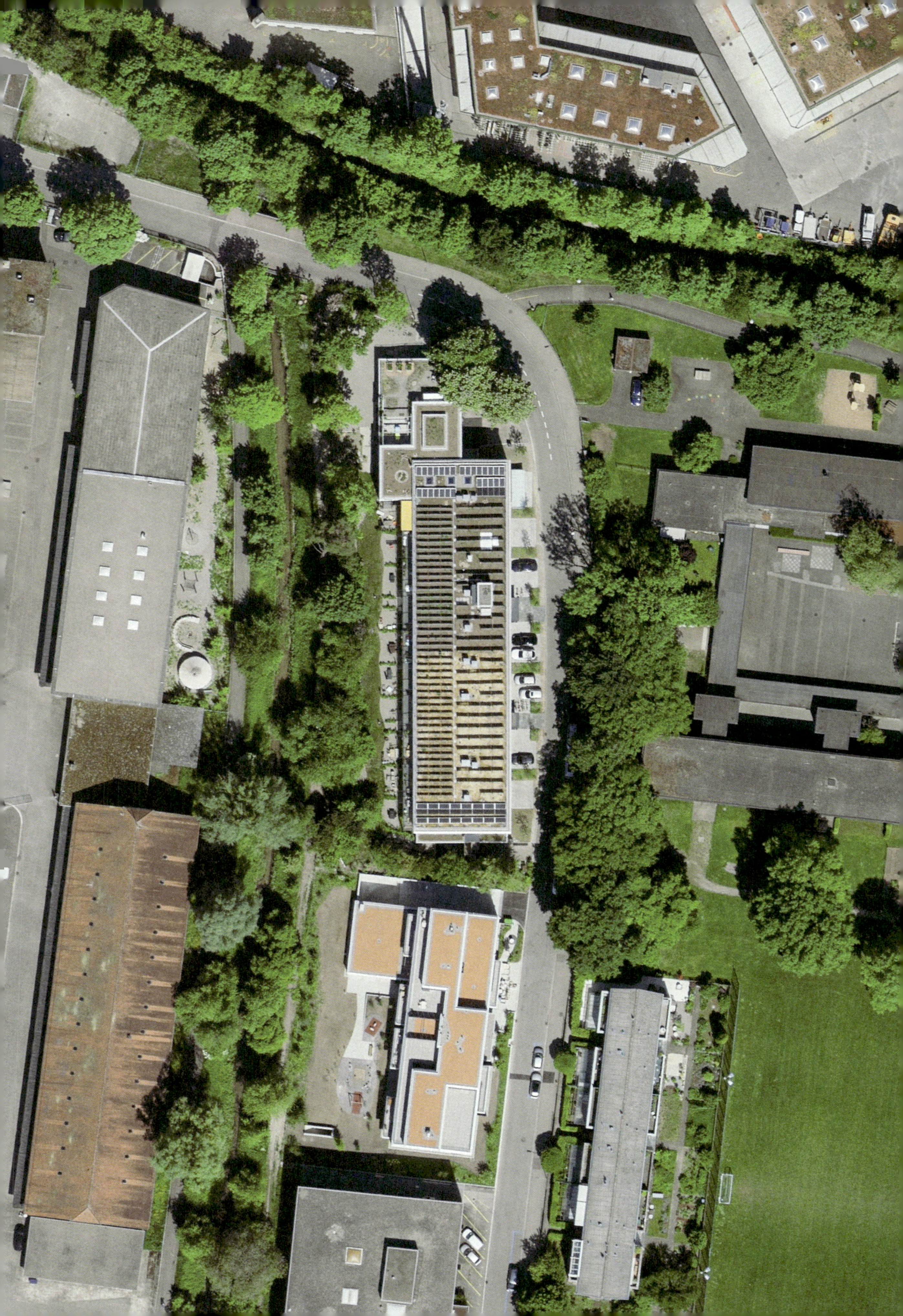

Ort
Winterthur
Dachfläche
1200 m²
Baujahr
Gründach 2022
Umsetzung
ZHAW, A777 Gartengestaltung, Seuzach
Begrünung
Ansaat mit verschiedenen Mischungen
Substrat
Lava-Bims in einem helleren und dunkleren Farbton, teilweise vermischt mit Pflanzenkohle
Pflege
1–2 Pflegerundgänge pro Jahr

Die Kombination ökologisch wertvoller Begrünung und Fotovoltaik auf Dächern wird in verschiedenen Regionen gefordert und gefördert. Das aufgewertete Dach der ehemaligen Druckerei Mattenbach in Winterthur zeigt exemplarisch eine solche Multifunktion. Die Begrünung ist auf Biodiversität und Optimierung der Wasserrückhaltung ausgelegt, gleichzeitig wurden unterschiedliche PV-Modultypen installiert, mit bifazialen (zweiseitigen) und monofazialen (einseitigen) Solarzellen und in unterschiedlichem Winkel. 2022 und 2023 wurden in einem Freilandversuch im Auftrag des Bundesamts für Energie Daten zur Energiegewinnung, zur Wasserspeicherkapazität des Substrats und zur Biodiversität erhoben.

Zwischen vertikal ausgerichteten Solarpanels kann eine Dachvegetation ohne negative Auswirkungen durch Beschattung höher wachsen als zwischen horizontalen oder mit kleinem Neigungswinkel befestigten Modulen. Die vertikale Anordnung erleichtert zudem die Pflege. Doch sie führt zur teilweisen Eigenverschattung. Auf dem Winterthurer Dach erfolgte die Ausrichtung der Panele in Richtung des Gebäudes und weicht um rund 28 Grad von der Südausrichtung ab. Bifaziale PV-Module können aber auch Reflektionslicht zu Strom umwandeln. Dank heller Substrate auf dem Dach sind diese Reflektionswerte zudem höher.

Die ZHAW untersuchte, wie sich die Distanzen zwischen den vertikal gestellten Panelen auswirken, und erstellte mithilfe von digitalen Simulationen eine Kosten-Nutzen-Rechnung. Im Vergleich zu einem Solardach mit horizontaler

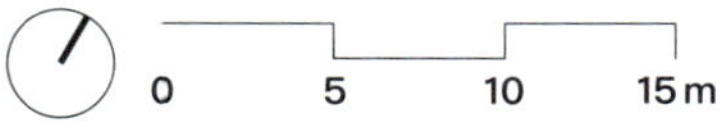

Anordnung und ohne Begrünung liegen die Kosten der vertikal gestellten, bifazialen Panele um 20 bis 35 Prozent höher. Auch der Wirkungsgrad ist mit 70 bis 95 Prozent der konventionellen Systeme etwas kleiner. Dafür profitiert die Natur immens. Untersucht wurde auch der Wasserrückhalt: Auf dem Spezialsubstrat entsteht ein vergleichsweise starker Bewuchs, ohne dass eine zusätzliche Bewässerung nötig ist. Um die Retention des Regenwassers zu erhöhen, wurden spezielle Speicherelemente mit einer Einlaufdrosselung für verzögerten Ablauf eingebaut und das Substrat optimiert. Die so bewusst gesteuerte, hohe Wasserrückhaltung führt zu einer bedeutenden Kühlung im Gebäude, aber auch in der Umgebungsluft. Weil gleichzeitig die Vegetationsschicht im Sommer weniger austrocknet als auf anderen Dächern, bleibt der Bewuchs grün und kühlt zusätzlich. Dank der im Tagesverlauf unterschiedlichen Beschattung des Bodens liess sich im Test zwischen den Panelen sogar Gemüse ziehen.

Weil die Anordnung auf allen Teilen des Daches eine ausreichende Besonnung bringt, fördert dies nicht nur die Blühfreudigkeit der Pflanzen und das Nektarangebot. Auch viele Insektenarten benötigen Wärme und Sonnenlicht. In den Untersuchungen wurden hier besonders viele feuchteliebenden Tier- und Pflanzenarten gefunden. Schon im ersten Untersuchungsjahr siedelten sich 35 Käferarten an, darunter acht seltene Laufkäferarten, die auf der Roten Liste als gefährdet aufgeführt sind. Der wärmeliebende Mondfleckkäfer *(Callistus lunatus)* war eine besondere Überraschung. Er lebt normalerweise in lückig bewachsenen Halbtrockenrasen, jungen Ruderalflächen und Weinbergbrachen. Seine Bestände sind aufgrund intensiver Bewirtschaftung in den letzten Jahrzehnten in der Schweiz stark zurückgegangen. Auch die Vegetation ist sehr erfreulich: 85 Pflanzenarten konnten auf dem Dach der ehemaligen Druckerei gezählt werden, wobei die Mehrheit spontan gewachsen ist und nicht aus der Samenmischung stammt. Unter den sehr seltenen Arten fand sich das Deutsche Filzkraut *(Filago germanica)*.

●●●○ Biodiversität
●●●○ Strukturreichtum
●●●● Wasserrückhaltung
●●●● Klimawirkung
●●●○ Aufwertung Wohn-/Arbeitsumfeld

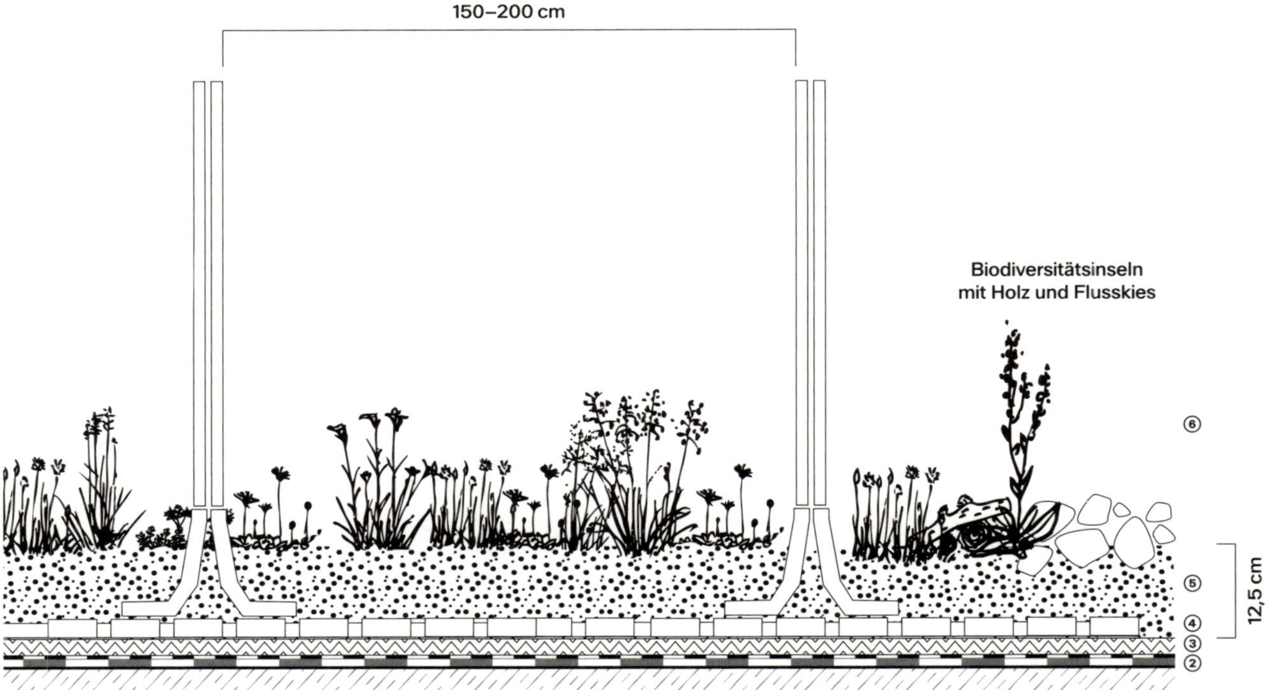

⑥ Solardach-Saatgut-Begrünung und silberlaubige Pflanzen
⑤ Helles und dunkles Substrat, 12,5 cm
④ PV-Verankerung und Wasserspeicher-Elemente im Unterbau
③ Drainschicht
② Abdichtung
① Tragstruktur (schematisch)

Zwischen den Panelen auf dem Dach der ehemaligen Druckerei Mattenbach wachsen neben heimischen Wildpflanzen auch weisslaubige Pflanzenarten.

Zollhaus

Bäume und Wildbienen über den Gleisen

Intensivbegrünung
Biodiversität
Aufwertung Wohn- und Arbeitsumfeld

Ort
Zürich, Kreis 5
Dachfläche
1700 m²
Baujahr
2021
Umsetzung
Knöpflipartner Landschaftsarchitektur, Luzern; Verein IG Wilde Biene und Søren Berner, Zürich
Architektur
Enzmann Fischer Partner, Zürich
Begrünung
Intensive Bereiche bepflanzt, extensive Bereiche Regionalsaatgut
Substrat
Dachgartenerde in Trögen; Oberboden, Humus für die Beete
Pflege
Gärtnerische Pflege, Tröpfchenbewässerung, Beete manuell bewässert

Das «Zollhaus» der Zürcher Genossenschaft Kalkbreite, direkt am Gleisfeld bei den Langstrassenunterführung, bietet alternative, gemeinschaftliche Wohnformen an. In Zusammenarbeit mit den künftigen Bewohnerinnen und Bewohnern entstanden schon während der Planungs- und Bauphase neuartige Raumkonzepte. Auch an die nutzbaren Dachterrassen wurden soziale und ökologische Anforderungen gestellt.

Inspiriert vom Torre Guinigi, dem berühmten, bepflanzten historischen Turm in Lucca mit den Steineichen auf dem Dach, haben die Landschaftsarchitekten Knöpflipartner grosse Gehölze für die Dachbepflanzung gewählt. So ist das Grün von der Strasse und aus dem vorbeifahrenden Zug heraus sichtbar. Maulbeerbäume *(Morus alba)* sind auf dem Dach in Wagen gesetzt, die sich auf Schienen verschieben lassen. Diese Konstruktion nimmt die Nähe zum Bahnhof auf und macht unterschiedliche Nutzungen der Dachflächen möglich.

Gefasst wird das Dach durch Tröge, die mit Thymian, Rosmarin und kleinen Sträuchern bepflanzt sind und gleichzeitig die Absturzsicherung bilden. In angehäuftem Substrat sind hitze- und trockenheitsverträgliche Sträucher und Bäume gepflanzt, darunter Manna-Eschen

(Fraxinus ornus), Zürgelbäume *(Celtis australis)* und Kornelkirschen *(Cornus mas)*. Die Aneignung der Flächen durch die Bewohnenden und die offene Gestaltung sind wichtige Komponenten des Konzepts. Sitzplätze und Hochbeete in Palettrahmen bieten eine Urban-Gardening-Atmosphäre mit Aussicht.

Das nahe Gleisfeld ist ein wichtiger Lebensraum für zahlreiche wärmeliebende Tier- und Pflanzenarten, die an Trockenstandorte angepasst sind. Neben Eidechsen, Heuschrecken und seltenen Pflanzen leben hier rund 80 Wildbienenarten. Um die ökologisch wertvollen Flächen zu ersetzen, die durch den Bau teilweise verloren gingen, hat der Verein IG Wilde Biene 2021 auf dem Dach ein Beet speziell bepflanzt, weil die Wildbienen nur auf einer kleinen Pflanzenauswahl Nektar und Pollen suchen. Wildbienen-Förderung braucht Spezialkenntnisse.

Das Beet ist mit rund 50 cm Oberboden und Kompostmischung vergleichsweise nährstoffreich aufgebaut. Neben stickstoffzehrenden Kürbissen wachsen Wildpflanzen aus Magerwiesen. Insgesamt umfasst die umfangreiche Pflanzenliste rund 135 Arten, darunter Gemüse, Kräuter, aber auch Exoten und rare Arten. Dazu zählen etwa der seltene Blassgelbe Klee *(Trifolium ochroleucon)*, die Muskateller-Salbei *(Salvia sclarea)*, die Marokkanische Salbei *(Salvia candelabrum)* und die Heilwurz *(Seseli libanotis)*.

Auf dem Zollhausdach sind die sonst festzustellenden Grenzen zwischen den typisch gestalterischen und den ökologischen Berufen überwunden. Die Pflege ist aber wesentlich aufwändiger als jene eines extensiv begrünten Daches, denn hier geht es um eine blütenreiche Auswahl bei gleichzeitiger Berücksichtigung der Ökologie und der Naturförderung. Beim Gemeinschaftsprojekt hat auch der Künstler Søren Berner mitgewirkt und Permakultur-Konzepte aufs Dach gebracht. Auf dem Zollhaus ist die Kombination aus Futterpflanzen für Wildbienen, Gemüse und Kräutern mit Erfolg gelungen: Bereits konnten etliche seltene Wildbienenarten festgestellt werden. Die nicht begehbaren Bereiche des Daches im Bereich der Fotovoltaikanlage sind extensiv mit regionalem Saatgut begrünt.

●●●○ Biodiversität
●●●● Strukturreichtum
●●●● Wasserrückhaltung
●●●○ Klimawirkung
●●●● Aufwertung Wohn-/Arbeitsumfeld

Wildbienen-Beet

⑦ Artenreiche Bepflanzung
⑥ Oberboden und Sackerde gemischt, 50 cm
⑤ Filtervlies
④ Drainschicht
③ Abdichtung
② Dämmung mit leichtem Gefälle
① Tragstruktur (schematisch)

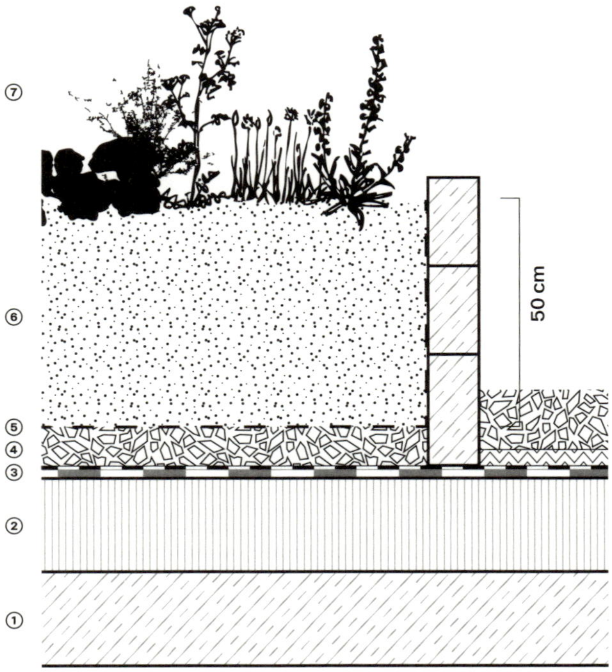

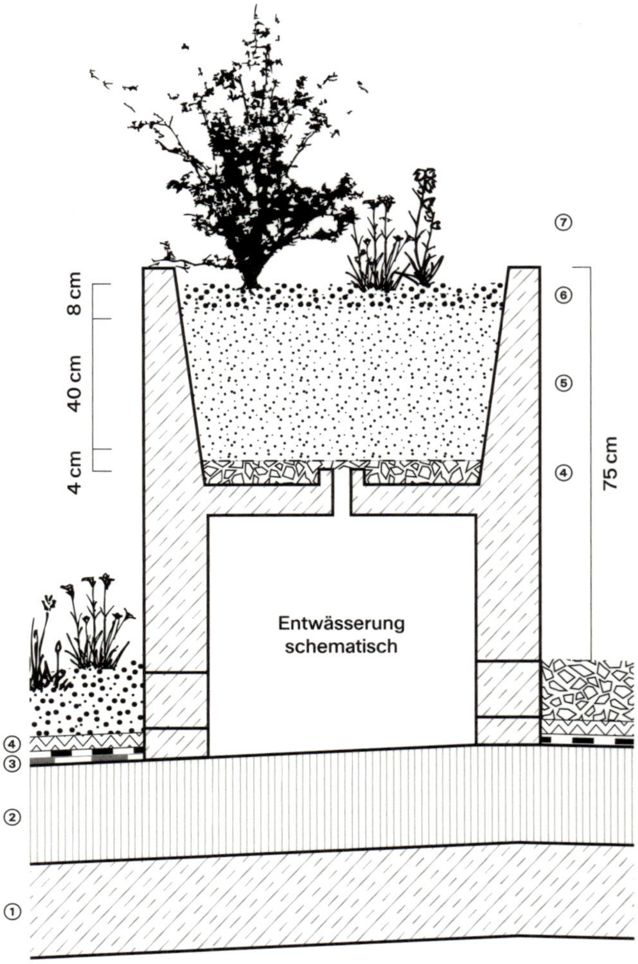

Tröge vorfabriziert

⑦ Artenreiche Bepflanzung, Tröpfchenbewässerung
⑥ Mineralischer Mulch
⑤ Pflanzensubstrat, Gemisch aus je hälftig Humus und Kies
④ Drainschicht
③ Abdichtung
② Dämmung mit leichtem Gefälle
① Tragstruktur (schematisch)

Gehölzpflanzung

⑧ Artenreiche Bepflanzung
⑦ Mineralischer Mulch, 6 cm
Pflanzsubstrat, Gemisch aus Humus und Kies, 20–55 cm
Sickerschicht: Kiesgemisch, 10 cm
⑥ Baumstandorte: Armierungsmatten und Gurte als Wurzelballenverankerung
⑤ Steinhaufen für ökologischen Ausgleich
④ Drainschicht
③ Abdichtung
② Dämmung mit leichtem Gefälle
① Tragstruktur (schematisch)

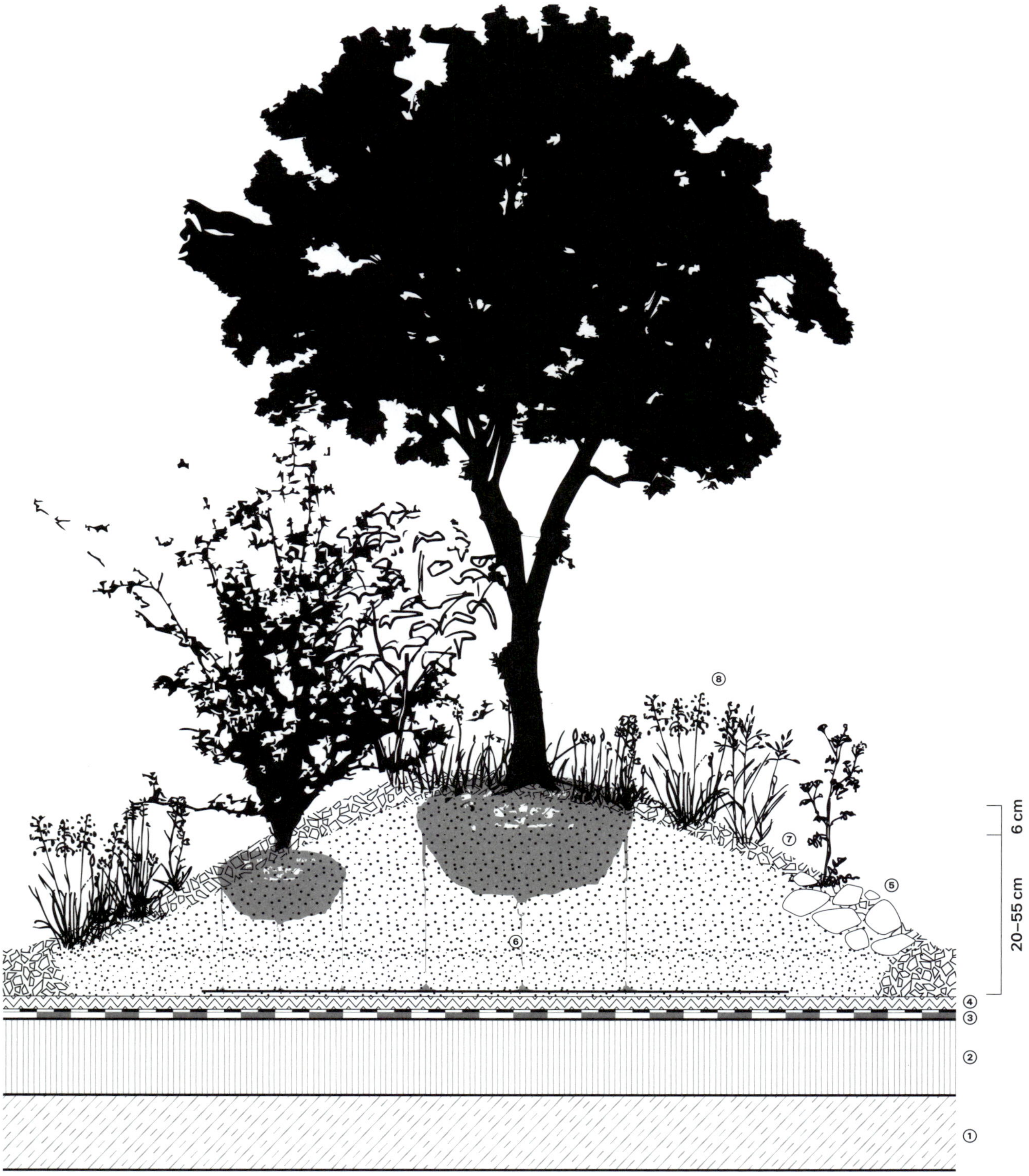

Bei Bauabschluss wurden die Pflanzflächen mineralisch gemulcht (Fotos links). Im Wildbienen-Beet wurde Oberboden und Sackerde gemischt.

Die vielartige Pflanzung auf dem Zollhausdach ist auf ein optimales Pollen- und Nektarangebot für Wildbienen ausgelegt.

Hochhaus Aglaya

Wohnen mit Reben und Rosen

Intensivbegrünung
Aufwertung des Wohn- und Arbeitsumfelds

Ort

Rotkreuz ZG, Suurstoffi-Areal

Dachfläche

150 m² und Balkone auf 21 Stockwerken

Baujahr

2019

Umsetzung

Lorenz Eugster Landschaftsarchitektur, Zürich

Architektur

Ramser Schmid Architekten, Zürich

Begrünung

Tröge gärtnerisch bepflanzt mit Stauden, Kletterpflanzen und Gehölzen

Substrat

Dachgartenerde

Pflege

Gärtnerische Pflege

Aus einem als Büros genutzten Sockel erhebt sich der 70 m hohe Wohnturm Aglaya über dem Neubauquartier Suurstoffi beim Bahnhof Rotkreuz. Das Hochhaus ist ein Pionierprojekt mit Fernwirkung und der erste Wohnturm nördlich der Alpen, der über die ganze Fassade und auf dem Dach begrünt ist. Es reiht sich ein in illustre Beispiele neuer «Hängender Gärten», etwa den «Bosco Verticale» in Mailand oder das «Parkroyal»-Gebäude in Singapur. Die durchgehende Begrünung war die tragende Idee der Bauherrschaft Zug Estates, die auf dem Areal Suurstoffi ein zukunftsfähiges Quartier mit eigener Energieversorgung, gestalteten Grünräumen und hoher Wohnqualität realisierte.

Um eine einheitliche und gleichzeitig abwechslungsreiche Bepflanzung zu erreichen, setzen die Landschaftsarchitekten auf ein choreografiertes Begrünungskonzept, das die Farbwirkung im Jahresverlauf berücksichtigt und auf jeder Fassadenseite unterschiedlich wirkt. Berücksichtigt ist nicht nur die Vegetationsveränderung der Jahreszeiten, sondern auch die Entwicklung über mehrere Jahre.

Acht Pflanzungsarrangements umfassen jeweils eine spezifische Arten- und Sortenwahl. Der Dachterrasse und jedem Balkon ist eine bestimmte Bepflanzung zugeteilt. Jedes Arrangement besteht aus einem Solitärgehölz, einer Reihe von Kletterpflanzen und Kleinsträuchern. Als Solitärgehölze dienen sowohl heimische

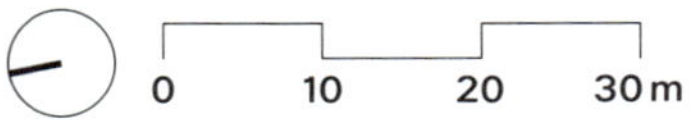

Arten wie der Schneeball-Ahorn *(Acer opalus)* oder die Traubenkirsche *(Prunus padus)* als auch Exoten wie die Kupfer-Felsenbirne *(Amelanchier lamarckii)* oder die Japanische Hainbuche *(Carpinus japonica)*.

An Rankgerüsten mit goldfarbenen Stützen, die mit Drähten bespannt sind, wachsen von jedem Stockwerk aus Kletterpflanzen die Fassade hoch. Diese Begrünung besteht aus Reben *(Vitis)*, Wildem Wein *(Parthenocissius)*, Waldreben sowie Rosen, Kiwi und Akebien. In den Stützen ist ein Teil der Entwässerung untergebracht. Unterpflanzt sind die Gehölze mit einer Vielfalt von Stauden und frühblühenden Geophyten wie Krokus und Blaustern.

Die mit rund 50 cm mineralischem Dachgarten-Substrat gefüllten Tröge werden automatisch bewässert. Die Pflege der hängenden Gärten und Balkone erfolgt durch ausgebildete Kletterer. Sie arbeiten mehrmals jährlich entlang der Fassade am Seil. Dieser Unterhalt gehört zu den Nebenkosten und wird für alle Wohnungen in einem Durchlauf umgesetzt.

Die Begrünung des Wohnturms ist gestalterisch und gärtnerisch angelegt und bietet den Bewohnerinnen und Bewohnern eine attraktive, gartenartige Umgebung. Dank grossflächiger Verglasung blicken sie aus ihren Wohnungen direkt hinaus ins Grüne. Aus ökologischer Sicht bietet diese Bepflanzung aber nur wenig Lebensraum für gefährdete, spezialisierte Arten, wie sie auf extensiv begrünten Dächern vorkommen können. Trotzdem können auch hier Vögel nisten, sich von den Beeren der Kletterpflanzen und Gehölze ernähren, und die Blütenpflanzen schaffen ein Nektarangebot für Honigbienen. Eine ökologische Funktion nimmt die Begrünung durch ihren pionierhaften Charakter und die kühlende Wirkung ein. Extensiv begrünte Dächer mit Fokus auf heimische Vegetation sind im Suurstoffi-Areal auf anderen Gebäuden umgesetzt.

●○○○	Biodiversität
●●●●	Strukturreichtum
●●●○	Wasserrückhaltung
●●●●	Klimawirkung
●●●●	Aufwertung Wohn-/Arbeitsumfeld

⑤ Bepflanzt mit Stauden und Gehölzen
④ Dachgartenerde mineralisch, 45 cm
③ Drainschicht (Entwässerung nicht dargestellt)
② Abdichtung
① Tragstruktur (schematisch)

Die Fernwirkung des Turmes entwickelt sich mit der
Vegetation über die Jahre und Jahreszeiten.

AMGEN
ARVAL
mobilezone
align
AMGEN
ARVAL
mobilezone
align

In den speziell gestalteten Rankhilfen der Balkone des Aglaya Hochhauses sind Be- und Entwässerungsrohre installiert. Die Tröge sind auch Absturzsicherung.

Kräuterhaus

Bauerngarten in luftiger Höhe

Intensivbegrünung
Landwirtschaftliche Nutzung

Intensiv begrünte Gebäude

Ort

Grafenort NW

Dachfläche

290 m²

Baujahr

2010

Umsetzung

Beatrice und Wäli Bissig-Odermatt (Eigentümerschaft), Beratung ZHAW

Architektur

Waser Holzbau, Oberrickenbach

Begrünung

Teekräuter

Substrat

Sandiger Oberboden

Pflege

Gärtnerische Pflege

Das begrünte Kräuterhausdach des Hofs Neufallenbach unweit von Grafenort NW ist ein ungewohnter Anblick. Es steht mitten in der Landwirtschaftszone. Hier, im Talboden, ist das Klima rau und unvorhersehbar. Wir sind nahe dem Skisportgebiet Engelberg-Titlis. Neben dem traditionellen Nidwaldner Bauernhaus gliedert sich das 2010 fertiggestellte Kräuterhaus ins Ensemble des Landwirtschaftsbetriebs ein.

Landwirtschaft betreiben Beatrice und Wäli Bissig-Odermatt auch auf dem Dach des Kräuterhauses. Sie züchten hier verschiedene Tee- und Heilpflanzen. Der Betrieb ist auf den regionalen und traditionellen Kräuteranbau spezialisiert, über 300 Heilpflanzen werden hier kultiviert – und es werden alte Heiltraditionen vermittelt.

Weil durch den Neubau des Kräuterhauses ein Stück landwirtschaftlich nutzbares Land verloren ging und weil Landwirtschaftsland ein zunehmend rares Gut ist, suchten die Betriebsinhaber Ersatz. Sie fanden ihn auf dem Dach des Kräuterhauses, das seit 2010 als erweiterter Garten genutzt wird.

Auf dem Dach wachsen traditionelle Teekräuter und wilde Heilpflanzen wie Wilder Thymian, Schafgarbe, Edelweiss, Lavendel und Bohnenkraut. Weil viele dieser niedrig wachsenden Teepflanzen mit geringer Bodentiefe und etwas Sommertrockenheit bestens zurechtkommen, genügt ein Substrataufbau, wie er sonst auf extensiv begrünten Dächern typisch ist. 15–20 cm sandiger Oberboden aus dem flussnahen Tal reichte aus. Auf dem schwach geneigten

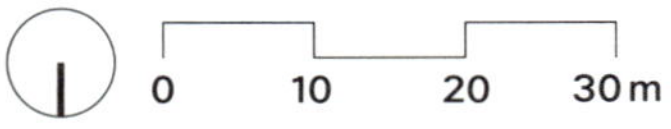

Pultdach wurde auf künstliche Substrate verzichtet. Dank eingebrachtem Kompost können auf dem Dach aber selbst hängende Flaschenkürbisse gezogen werden, die die Fassaden als einjährige Hängepflanze begrünen. Feuchteliebende oder tiefer wurzelnde Teekräuter wie Malven oder Alant sind im grossen umgebenden Kräutergarten in Kübeln und in den Gartenboden gepflanzt. Sie kommen mit dem Dachklima weniger gut zurecht.

Anders als typische, extensiv begrünte Dächer ist das Kräuterhaus-Dach durch die Eigentümerin und den Eigentümer gärtnerisch bepflanzt. Der Boden soll hier wüchsig sein. Für die Pflege und Ernte ist ein geschwungenes Wegenetz mit Stroh ausgelegt. Um zwischen den Heilpflanzen ungewollte Beikräuter zu unterdrücken, wird das Dach wie ein Garten gepflegt und in Teilbereichen der Bewuchs zwischen den Kräutern auch mit Folien gehemmt. Dafür ist Handarbeit nötig, schwere Maschinen kommen hier nicht zum Einsatz. Im schlichten Holzbau unter dem Dach werden die Teekräuter verarbeitet. Ein Ofen sorgt für die schonende Trocknung der Pflanzen. Damit sind die Arbeitswege denkbar kurz. Getrocknet und gemischt kommen die Kräuter vom Teehausdach in Bioqualität in den Handel.

●○○○	Biodiversität
●●○○	Strukturreichtum
●●●○	Wasserrückhaltung
●●●○	Klimawirkung
●●●●	Aufwertung Wohn-/Arbeitsumfeld

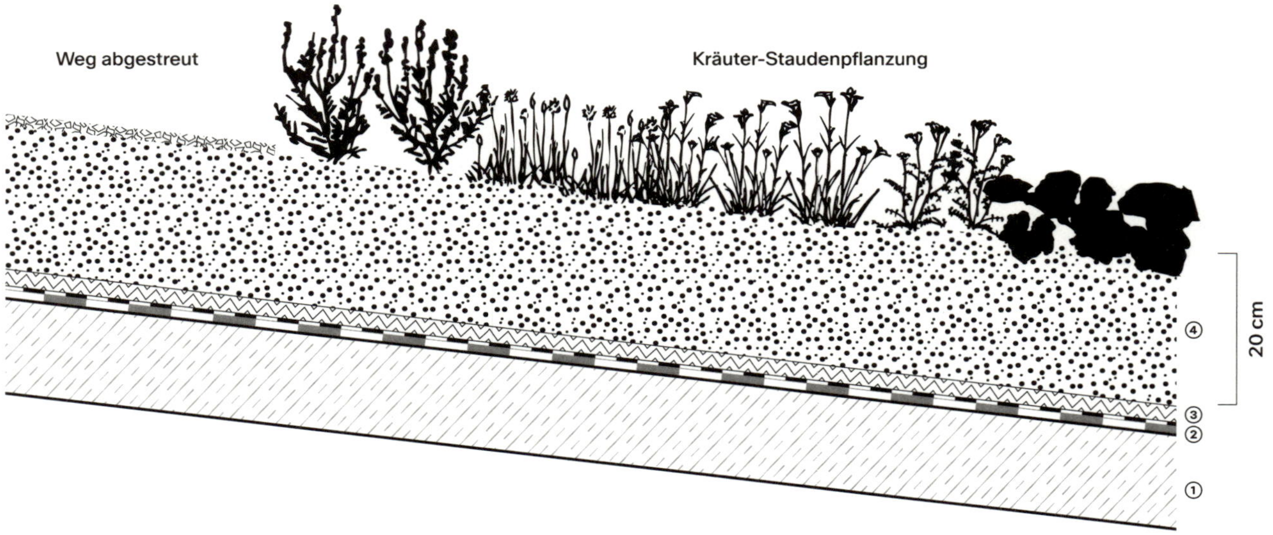

④ Sandiger Oberboden
③ Drainschicht
② Abdichtung
① Tragstruktur (schematisch)

Auf dem Dach werden Kräuter für Teemischungen gezüchtet, darunter Thymian und Edelweiss (unten rechts).

Glossar

Abhumusieren Entfernen des humusreichen Oberbodens.

Bifaziale Solarpane Bifaziale (oder zweiseitig aktive) Module wandeln nicht nur das von vorne einstrahlendem Licht in Strom um, sondern auf ihrer Rückseite auch Reflexionslicht.

Biodiversität Bezeichnet die Vielfalt der Lebewesen, ihrer Lebensräume sowie die genetische Diversität.

Biotop Lebensraum für Organismen. Kann eine Magerwiese, ein See, Teich oder Wald sein.

Dachlast Bezeichnet das Gewicht in kg/m^2, das ein Dach aufgrund der statischen Konstruktion tragen kann. Diese Belastbarkeit bestimmt, wie mächtig die Vegetationstragschicht sein darf. Zu berücksichtigen ist auch das wassergesättigte Substrat inklusive Vegetation und weiterer Strukturelemente.

Direktsaat Verfahren, bei dem Saatgut direkt aus einem Schnitt (Heu) einer artenreichen Wiese auf eine zu begrünende Fläche oder auch ein Dach gebracht wird.

Drainage / Drainschicht Entwässerungsschicht aus Kies oder einer speziell dafür eingebauten Drainmatte. Sie beugt Überschwemmungen vor.

Erosion Abtrag von Boden durch Wasser, Wind oder andere natürliche Kräfte.

Grassode Ein ausgestochenes Stück Grasnarbe (Grasziegel) bestehend aus Vegetation samt Wurzeln mit Oberboden.

Habitat Arttypischer Aufenthaltsbereich eines Organismus innerhalb eines Biotops.

Kescher Fangnetz für Insektenerhebungen.

Klimaanpassung Strategien und Massnahmen zur Anpassung an die Auswirkungen des Klimawandels, zum Beispiel durch die Förderung von Gebäudebegrünung zur Kühlung.

Leitart Eine Art, die repräsentativ oder charakteristisch ist für einen bestimmten Lebensraum oder eine bestimmte ökologische Funktion.

Magerwiese Nährstoffarme Wiese, die sich oft durch eine hohe Biodiversität mit seltenen Pflanzen- und Insektenarten auszeichnet.

Melioration Massnahmen zur Verbesserung von Böden, insbesondere in der Landwirtschaft. Meliorationen führen oft zu einer Veränderung des natürlichen Lebensraums.

mineralisch Im Bodenaufbau: Sand, Stein oder Lava-Bims sind mineralische Substrate.

Monitoring Systematische Beobachtung und Dokumentation von biologischen Prozessen, zum Beispiel die Besiedlung eines Daches durch Tiere.

organisch Im Bodenaufbau: Bestandteile des Bodens auf pflanzlicher Basis. Organische Substrate bestehen unter anderem aus Hummus, Kompost oder Schilfmatten.

Oberboden Die oberste Schicht des Bodens. Sie ist oft reich an organischen Nährstoffen und in ihr wurzeln die Pflanzen. In der Fachsprache auch A-Horizont genannt. Oberboden wird als Substrat für die Dachbegrünung verwendet.

PV-Module Photovoltaik-Module, die Sonnenlicht in elektrischen Strom umwandeln.

Permakultur Konzept für die nachhaltige Gestaltung von Anbausystemen und Lebensräumen, das natürliche Ökosysteme imitiert.

ruderal Lebensraum in einem frühen Sukzessionsstadium. Von kurzlebigen Pflanzen und Tieren dominiert.

Rote Liste Liste der gefährdeten Arten. Die Bestände werden regional, national und international erfasst und die Zählungen werden regelmässig aktualisiert.

Semi-intensive Dachbegrünung Eine Dachbegrünung, die intensivere Pflege und mehr Substrat als eine extensive Begrünung erfordert, die aber nicht wie intensive Begrünungen auf gärtnerische Gestaltung und Pflege angewiesen ist.

Substrat Vegetationstragschicht für den Pflanzenwuchs, die aus einer Mischung verschiedener Komponenten besteht.

Stickstoffakkumulation Anreicherung von Stickstoff im Boden, was zu einer ungesunden Überversorgung mit Nährstoffen führen kann und das Wachstum bestimmter Pflanzenarten beeinträchtigt.

Sukzession Beschreibt in der Ökologie den Prozess der Rückkehr von Tier-, Pflanzen- und Pilzarten in einen Lebensraum, der zuvor gestört oder neu aufgebaut wurde.

Totholz Verrottendes oder abgestorbenes Holz, das vielen Pilz- und Tierarten (insbesondere Insekten) als Nahrungsquelle oder Lebensraum dient. Totholz wird bei Dachbegrünungen häufig als Strukturelement verwendet.

Transekt In der Feldbotanik und Zoologie geläufiger Begriff für eine Aufnahmemethodik: Bei einer Begehung entlang einer Linie werden alle Arten der Zielgruppe bestimmt.

Torfsode Ausgestochenes Stück Torf aus einem Moor. Torfsoden isolieren in Nordeuropa Dächer und begrünen sie gleichzeitig.

Vegetationstragschicht Bodengranulat. Von der Vegetation durchwurzelbares Substrat.

Wasserspeicherkapazität Fähigkeit eines Materials oder Substrats, Wasser zurückzuhalten und bei Bedarf abzugeben.

Dank

Wie die Vielfalt auf den Dächern hat sich auch das Arbeitsfeld im Team der Forschungsgruppe Stadtökologie der Zürcher Hochschule für Angewandte Wissenschaften (ZHAW) im Lauf der Jahre in verschiedene Bereiche und deren Mitarbeiterinnen und Mitarbeiter differenziert. Die ersten grösseren ökofaunistischen Studien befassten sich mit Käfern, Spinnen und Vögeln. Darauf aufbauend brachte uns die anwendungsorientierte Forschung zu den bodenbrütenden Vögeln wie den Kiebitzen, bei denen sich herausstelle, dass sie begrünte Dächer als Ersatzniststandorte zu wählen begannen.

Nathalie Baumann forschte einige Jahre sehr motiviert zu den Vögeln und konnte aufzeigen, wie erfolgreiche Bruten mit Anpassungsmassnahmen möglich sein können.

Unsere langjährigen Forschungen zu den Käferarten konnten wir dank dem Entomologen *Alexander Szallies* konzipieren und umsetzen. Das ganze Team war von diesen Erkenntnissen zur Vielfalt der Käfer mit ihren Lebensraumansprüchen und Ernährungsweisen fasziniert.

Ambros Hänggi unterstützte uns als externer Mitarbeiter bei der Bestimmung und bei der Interpretation der Spinnenfunde.

Rafael Schneider wurde nach seiner Grundlagen-Bachelorarbeit im Team zum Orchideen-Spezialist. Er konzipiert und begleitet Orchideen-Dachbegrünungen von der Planung bis zur Umsetzung.

Franziska Opitz sorgt neben dem allgemeinen Datenmanagement für die statistischen Auswertungen und erforscht die Wildbienen auf den Dächern.

Lorenz Achtnich untersucht ebenfalls Wildbienen mit detaillierten Konzepten und Designs. Und er kümmert sich auch um die Lebensgrundlagen für die Heuschrecken.

Jascha van Gogh untersucht die Wirkungen des Naturförderelements Totholz auf die Biodiversität und er erforscht die Heuschrecken.

Philipp Heller und *Severin Scheurer* haben sich ihrerseits auf die Heuschrecken spezialisiert.

Céline Schlatter haben wir das Wissen zu Tagfaltern zu verdanken. Ihr Engagement hat wichtige Grundlagen geschaffen.

Jonas Frei, der Autor dieses Buches, hat mit seiner Masterarbeit zum Vorkommen von Schneckenarten mit ihren wunderschönen Gehäuseformen die Bedeutung von Totholz und grösseren Steinen auf den Dächern erforscht.

Lieve Dierckx hat sich vor allem den Pflanzen auf den begrünten Dächern verschrieben. Sie untersucht deren Vorkommen und beschäftigt sich mit Etablierungsverfahren, dem Pflegemanagement, der Neophytenbekämpfung sowie den Substraten, dem Saatgut und der Logistik.

Mit *Daniel Bodenmann* und *Jascha van Gogh* konnten wir in den letzten Jahren neue Kreislaufkonzeptionen zur Nutzung von Dach- und Brauchwasser entwickeln, um extensive Dachbegrünungen auch in längeren Hitzeperioden feucht und kühlend zu halten.

Silvan Oberhänsli unterstützt die Forschungsgruppe mit viel Gespür und Engagement in allen Projekten und Themenbereichen.

Andi Hofstetter nimmt uns mit seinen Bildern und Perspektiven der begrünten Dächer mit in die wunderbare Tier- und Pflanzenwelt in luftigen Höhen. Er zeigt uns seine Faszination für die vielfältigen Lebenswelten in gefühlvollen Bildern. Ein grosser Dank und Bewunderung dafür.

Über all die Jahre der Zusammenarbeit sind mir die Kolleginnen und Kollegen vom Bau- und Verkehrsdepartement des Kantons Basel-Stadt ans Herz gewachsen: Danke *Barbara Schneider, Jolanda Löhr, Yvonne Reisner, Emanuel Trueb, Bettina Knobel, Susanne Hablützel, Monika Schaub, Armin Kopf, Christoph Hügli* für die gute Zusammenarbeit bei der Entwicklung und Umsetzung von Richtlinien für naturnahe Dachbegrünungen.

Unsere Forschungen gehen auf allen Gebieten weiter, denn es stellen sich immer neue Herausforderungen und Fragen, die wir auch in den nächsten Jahren angehen möchten und auf die wir uns bereits freuen.

Stephan Brenneisen

Weiterführende Literatur und Quellen

Achtnich L. 2022. Wildbienen auf den Dachbegrünungen Schulhaus Looren. ZHAW, Wädenswil.

Ahrendt J. 2007. Historische Gründächer: Ihr Entwicklungsgang bis zur Erfindung des Eisenbetons. Technische Universität Berlin, Berlin.

Amiet F., Krebs A. 2019. Bienen Mitteleuropas: Gattungen, Lebensweise, Beobachtung. Haupt Verlag, Bern.

Boschi C. 2011. Die Schneckenfauna der Schweiz. Haupt Verlag, Bern.

Baur B., Baur H., Roesti C., Roesti D. 2021. Die Heuschrecken der Schweiz. Haupt Verlag, Bern.

Brenneisen S. 2003. Ökologisches Ausgleichspotenzial von extensiven Dachbegrünungen, Bedeutung des Ersatz-Ökotops für den Arten- und Naturschutz und die Stadtentwicklung. Universität Basel.

Brenneisen S. 2006. Space for Urban Wildlife: Designing Green Roofs as Habitats in Switzerland. Urban Habitats. 4: 10.

Brenneisen S. 2020. Basel-Stadt: Grüne Dächer als urbane Lebensräume. ZUP. 97: 4.

Brenneisen S. 2023. Dachbegrünungen als ökologische Ausgleichsmassnahme. Neue Landschaft, Berlin.

Brenneisen S., Achtnich L., Eichhorn D., Van Gogh J., Scheurer S. 2023. Heuschrecken auf ökologischen Dachbegrünungen.

Brenneisen S., Baumann N., Tausendpfund D. 2009. Ökologischer Ausgleich auf dem Dach: Vegetation und bodenbrütende Vögel.

Brenneisen S., Hänggi A. 2006. Begrünte Dächer – ökofaunistische Charakterisierung eines neuen Habitattyps in Siedlungsgebieten anhand eines Vergleichs der Spinnenfauna von Dachbegrünungen mit naturschutzrelevanten Bahnarealen in Basel (Schweiz). Mitteilungen der Naturforschenden Gesellschaften beider Basel.

Brenneisen S., Szallies A., Opitz F. 2021. Wissenschaftliche Erfolgskontrolle Dachbegrünungen Hamburg – Biomonitoring Käfer.

Dierckx L. 2023. Vegetationsanalysen auf extensiv begrünten Flachdächern mit und ohne Photovoltaikanlagen. ZHAW, Wädenswil.

Entomologische Gesellschaft Basel, 2003. Fauna und Flora auf dem Eisenbahngelände im Norden Basels. Basel.

Frei J. 2021. Erhebungen von Gehäuseschnecken auf extensiv begrünten Flachdächern. Masterarbeit, ZHAW, Wädenswil.

Frei J. 2022. Stadtwildpflanzen. 52 Ausflüge in die urbane Pflanzenwelt mit Hintergrundwissen zur Stadtvegetation. AT Verlag, Aarau München.

Hänggi A., Pétremand G., Brenneisen S. 2022. Spiders (Araneae) from green roofs in north-west Switzerland – faunistic data with two species new to Switzerland. Arachnology Letters.

Klenk M., Hiltebrand R., Brenneisen S., Dreisiebner A. 2024. Entwicklung und vergleichender Test eines Gesamtpakets für bifaziale PV-Systeme auf Gründächern. Bern.

Landolt E. 2001. Orchideen-Wiesen in Wollishofen (Zürich) – ein erstaunliches Relikt aus dem Anfang des 20. Jahrhunderts. Vierteljahrsschrift der Naturforschenden Gesellschaft, Zürich.

Nikles E., Knobel B., Reisner Y. 2020. Flachdachbegrünung, Flachdächer richtig begrünen – das ökologische Potenzial nutzen. Leitfaden hrsg. Stadtgärtnerei Basel.

Noger P., Severin-Rahmani C., Sedivy C., Tschander B. 2015. Biodiversitätsförderung auf Dächern. Eine Potenzialanalyse am Beispiel der Schulanlage Looren, Zürich.

Pro Natura. Naturschutzgebiet Badischer Bahnhof. https://www.pronatura-bs.ch/de/naturschutzgebiet-badischer-bahnhof-test zuletzt abgerufen: 18.03.2025

Schneider R. 2013. Orchid Resilience. Pacific Horticulture.

Sedivy C. 2021. Analyse Wildbienen-Fauna auf dem Gelände des Schulhaus Looren, Zürich.

Impressum

Herausgeber
ZHAW / Stephan Brenneisen

Text
Jonas Frei

Lektorat
René Hornung

Fotos
Andi Hofstetter (ahofstetter.ch)
Weitere Fotografien siehe Bildverzeichnis

Schnittzeichnungen
Jonas Frei (foifacht.ch)

Gestaltung
Upset – Mirko Leuenberger, David Lüthi
mit Valentin Hindermann

Korrektorat
Dominik Süess

Litho und Druck
Gerin Druck, A-Wolkersdorf

Ausrüstung
Buchbinderei Papyrus & Co.KG, A-Wien

Papier
Salzer EOS bläulichweiss, 100 g/m²
Gmund Colors matt GC 88, olive green, 300 g/m²

Schrift
Walter Neue, ABCDinamo

1. Auflage

Edition Hochparterre
Ausstellungsstrasse 25
8005 Zürich
Telefon +41 44 444 28 88
verlag@hochparterre.ch
edition.hochparterre.ch

ISBN 978-3-909928-98-9

Produktsicherheit

Verantwortliche Person gemäss
EU-Verordnung 2023/988 (GPSR):

GVA Gemeinsame Verlagsauslieferung
Göttingen & Co. KG
Postfach 2021
37010 Göttingen
Deutschland
+49 551 384 200 0
info@gva-verlage.de

Sicherheitshinweis entsprechend
Art. 9 Abs. 7 S. 2 der GPSR entbehrlich

Zürcher Hochschule für Angewandte Wissenschaften ZHAW, Forschungsgruppe Stadtökologie.

Swisslos-Fonds Basel-Stadt

ERNST GÖHNER STIFTUNG

Stadt Zürich
Grün Stadt Zürich

Projektteam

Dr. phil. Stephan Brenneisen doziert in Wädenswil an der Zürcher Hochschule für Angewandte Wissenschaften ZHAW im Departement Life Sciences und Facility Management. Er leitet die Forschungsgruppe Stadtökologie. Er war Präsident der Schweizerischen Fachvereinigung Gebäudebegrünung und ist Herausgeber diverser wissenschaftlicher Arbeiten und Publikationen mit Schwerpunkt Dachbegrünung.

Jonas Frei ist Landschaftsarchitekt und Stadtökologe aus Zürich. Seine Fachbereiche sind Botanik, Fotografie, Dokumentarfilm, Illustration sowie die Gestaltung von Freiräumen. Er ist Autor mehrerer botanischer Fachbücher und beitreibt das Atelier foifacht.ch in Schaffhausen.

Andi Hofstetter arbeitet als Projektleiter in einem Umweltberatungsbüro in Zürich. Daneben ist er als selbstständiger Naturfotograf tätig und möchte seinem Umfeld die Schönheit und Vielfalt der heimischen Natur näherbringen. Seine Bilder werden regelmässig veröffentlicht oder finden Anklang in namhaften Wettbewerben.

Bildverzeichnis

Hauptfotograf: Andi Hofstetter.
Satellitenbilder: ©swisstopo
Schnittzeichnungen: Jonas Frei

Weitere Bilder:

Lorenz Achtnich: S. 20, S. 21, S. 81
Emanuel Ammon: S. 17 (Bild 1), S. 57, S. 65, S. 89, S. 106 (Bild 3), S. 154 (Bild 1)
Stephan Brenneisen: S. 17 (Bild 2), S. 23, S. 44, S. 58 (Bilder 1, 2), S. 60 (Bilder 1, 2), S. 67, S. 90 (Bild 3), S. 91, S. 98 (Bild 2, 3), S. 122, S. 123
Andreas Dreisiebner: S. 132 (Bild 2)
Jonas Frei: S. 25 (Bilder 1, 2, 4), S. 26 (Bild 3) S. 27 (Bild 2), S. 42 (Bild 3), S. 68 (Bild 2), S. 74 (Bild 2), S. 83 (Bild 2), S. 92 (Bild 2)
Roger Frei: 146, 148 (Bild 2)
Christoph Harlacher, ZinCo: S. 131
Philipp Hodel. Zug Estates: S. 22, S. 148 (Bild 1)
Christoph Kaminski: S. 147
Annett Landsmann: S. 18 (Bild 2), S. 139
Patrick Lussi: S. 153
Céline Schlatter: S. 92 (Bild 1)
Madeleine Schoder/Landbote: S. 132 (Bild 1)
Jürg Schönenberger, Schön & Berger: S. 114, S. 115
Alexander Szallies: S. 68 (Bild 1)
Sebastian Wagener: S. 138, S. 140
Wasserversorgung der Stadt Zürich: S. 90 (Bild 1)
Caroline Zollinger, Brizamedia.ch: S. 154 (Bild 2, 3)
Le Corbusier: Plan FLC 09242. © F.L.C. / 2025, ProLitteris, Zürich für Werke von Le Corbusier: S. 10

Der Herausgeber und der Autor dieses Buches bedanken sich für Projektinformationen bei:

Knöpflipartner Landschaftsarchitekten, Luzern
Enzmann Fischer Architekten, Zürich
Verein IG Wilde Biene, Zürich
Zug Estates, Zug
Beatrice Bissig-Odermatt, Grafenort OW
Genossenschaft Kalkbreite, Zürich
Ramser Schmid Architekten, Zürich
Architekturbüro Gion A. Caminada, Vrin GR

Unterstützt wurde das Buchprojekt von:

Ernst Göhner Stiftung
Johannes Senn, Senn Resources
Georg und Bertha Schwyzer-Winiker Stiftung
Susanne und Martin Knechtli-Kradolfer-Stiftung
Swisslos-Fonds Kanton Basel Stadt
Grün Stadt Zürich
Bundesamt für Umwelt (BAFU)
ZinCo
Verein Dachbegrünung Region Basel